EIN EHRENWIRTH · BERATUNGSBUCH ·

Peter Köster

Die biochemische Hausapotheke

Ehrenwirth Beratungsbuch

CIP-Titelaufnahme der Deutschen Bibliothek

Köster, Peter:
Die biochemische Hausapotheke / Peter Köster. – München : Ehrenwirth, 1989
(Ehrenwirth-Beratungsbuch)
ISBN 3–431–03061–0

ISBN 3–431–03061–0

Umschlag: Bernd und Christel Kaselow, München
Gesamtherstellung: Friedrich Pustet, Regensburg
Printed in Germany 1989

Ich danke dem Biochemischen Bund Deutschlands und der Deutschen Homöopathie-Union für den Nachweis von Fachliteratur.

Außerdem danke ich meiner Frau und meinen Kindern für die unendliche Geduld in den vielen Stunden, die ich beim Recherchieren und Schreiben verbracht habe.

Peter Köster

Wer sich näher mit dieser Heilmethode beschäftigen möchte oder sich aktiv für die Verbreitung der Schüßler-Therapie einsetzen will, erhält gegen Rückporto weitere Informationen vom Verein

Biochemischer Bund Deutschlands e. V.
Dr.-Schüßler-Sanatorium
3380 Goslar 2 – Harz

Inhalt

chron. 3–6 Tab./Tag

akut 1 T./Std.

Was ist die Biochemie?

Haben Sie sich auch schon beim Durchlesen eines Medikamenten-Beipackzettels gefragt, ob es nicht doch Arzneien ohne Nebenwirkungen gibt?

Können Sie sich vorstellen, kleine Unpäßlichkeiten, mit denen Sie nicht gleich zum Arzt gehen wollen, preiswerter und risikoloser selbst zu behandeln?

Möchten Sie in der Lage sein, sich mit Ihrer Hausapotheke im Notfall und bei leichten Erkrankungen selbst zu helfen?

Oder leiden Sie gar an einer Krankheit, die Ihr Arzt oder Sie selbst mit mehr oder weniger Erfolg behandeln?

Sie wollen natürlich nicht generell auf ärztliche Behandlung verzichten; aber bis zum Eintreffen des Arztes, an Wochenenden, auf Reisen und grundsätzlich wäre es gut, eine vollständig ausgerüstete Hausapotheke zu haben, die preiswert, ungiftig, langjährig erprobt und bewährt ist.

Die Heilweise, mit der wir uns beschäftigen wollen, wurde vor über 100 Jahren von Dr. Schüßler begründet.

Dr. Schüßler (1821–1898) war Arzt in Oldenburg. Er war von Anfang an ein Verfechter der Homöopathie Samuel Hahnemanns.

Hahnemann (1755–1843) lehrte, daß die Ursache aller Krankheiten eine Störung der Lebenskraft sei. Da die Lebenskraft etwas stofflich »nicht Greifbares«, sondern etwas »Geistartiges« ist, suchte er Arzneien, die nicht gegen die Krankheit und ihre Symptome vorgehen, sondern ordnend auf die Lebenskraft einwirken.

Seine Mediziner-Kollegen, so meinte Hahnemann, behandelten nur die Symptome, nicht aber die Krankheit, und sie handelten immer *gegen* die Symptome. Hatte ein Patient Fieber, bekam er ein fieber*senkendes* Medikament. Er ging bei seinen Forschungen einen anderen Weg.

Die damals wie heute verordneten chemischen und pflanzlichen Arzneien wirken in großen Mengen giftig und verursachen Krankheitssymptome beim Patienten. Hahnemann studierte diese »Vergiftungserscheinungen« der Arzneimittel am Menschen.

Wenn ein Gesunder beispielsweise eine gewisse Menge der Tollkirsche (Belladonna) einnimmt, zeigen sich immer wieder dieselben Krankheitssymptome.

Hatte Hahnemann nun einen Kranken vor sich, der diese Symptome als Krankheitszeichen zeigte, dann verordnete er eine kleine Menge verdünntes Belladonna – und der Kranke wurde gesund. Hahnemann verordnete also etwas der Krankheit Ähnliches.

Auf seine spezielle Art der Verdünnung – Hahnemann nannte sie »Potenzieren« – kommen wir später.

Mit dieser Behandlungsweise hatte Schüßler genauso wie Hahnemann viele grandiose Erfolge, und er trug durch Veröffentlichung seiner Erfahrungen viel zur Popularität dieser Heilmethode bei. Doch so segensreich die Homöopathie in den Händen eines guten Arztes ist, störte Schüßler doch immer die unübersehbare Menge der verschiedenen Medikamente.

Um ein guter homöopathischer Arzt zu sein, bedarf es ständigen Studiums und eines fast genialen Gedächtnisses, um die unterschiedlichen Arzneimittelbilder ständig im Kopf zu haben.

Dr. Schüßler erforschte unermüdlich die Wirkung der homöopathischen Arzneien auf den menschlichen Körper. Bei der Untersuchung der Asche von Verstorbenen nach der Verbrennung fand er immer wieder zwölf Mineralsalze.

Diese zwölf Mineralsalze kannte er schon aus seiner homöopathischen Praxis, und er wußte, daß diese Minerale in der Hahnemannschen Potenzierung eine tiefgreifende, den Körper umstimmende Wirkung haben.

Angeregt durch die Forschungen des Pathologen Virchow, untersuchte er die Wirkung dieser Salze auf die Zellen im menschlichen Organismus. Professor Virchow war bei seinen eigenen Forschungen an den menschlichen Körperzellen zu der Erkenntnis gekommen, daß alle Krankheiten ihre Ursache in einer Veränderung der Zellen haben. Das normale, gesunde Wirken einer Zelle ist abhängig vom normalen Gehalt an anorganischen Nährsalzen. Jede Abweichung im normalen Salzgehalt der Zellen – sei es ein Mangel oder ein Überschuß – führt zur Krankheit.

Schüßler schloß aus seinen Untersuchungen und weiteren Beobachtungen, daß diese Salze in jedem Körper und damit auch in den Zellen vorhanden sein müssen. Ein Mangel oder Überschuß dieser Salze im Körper löst nach seiner Meinung Krankheit aus.

Daraus folgerte er, daß durch die Zufuhr dieser Mineralsalze der Mangel im Körper ausgeglichen werden kann. Durch seine homöopathische Praxis wußte er aber auch, daß eine einfache Zufuhr dieser Salze in materiellen Dosen kaum etwas bewirkt.

Als Beispiel soll hier die Blutarmut dienen: Wird bei einem Patienten Anämie festgestellt, verordnet der Arzt meist ein eisenhaltiges Präparat. Das Eisen im Medikament soll von den Verdauungsorganen in den Organismus aufgenommen werden und dort das fehlende Eisen ersetzen. So weit, so gut.

Doch der Körper ist nach Verabreichung des Eisens – auch wenn es über Jahre hinweg eingenommen wird – immer noch nicht selbst in der Lage, das in der Körperzelle fehlende Eisen der Nahrung zu entnehmen; überdies kann er das Eisen in dieser Dosierung nicht restlos verarbeiten: Vielfach machen sich als Nebenwirkungen Magenschmerzen bemerkbar, der größte Teil des Eisens wird mit dem Stuhl wieder ausgeschieden.

Dr. Schüßler begann diese Salze entsprechend der von Hahnemann begründeten homöopathischen Methode zuzubereiten, zu potenzieren. Er nahm ein Gramm eines Salzes, z. B. Natrium chloratum (Kochsalz), und verrieb es mit neun Teilen Milchzucker. Dies war die 1. Potenz (D1). Von dieser Potenz D1 nahm er wieder ein Gramm und verrieb es abermals mit neun Teilen Milchzucker. Das ergab die Potenz D2. So fuhr er fort bis D6 und D12.

Die von ihm gefundenen zwölf verschiedenen Mineralsalze nannte Schüßler die »Biochemischen Funktionsmittel«. Es sind:

1. *Calcium fluoratum* (Flußspat)
2. *Calcium phosphoricum* (phosphorsaurer Kalk)
3. *Ferrum phosphoricum* (Eisenphosphat)
4. *Kalium chloratum* (Kaliumchlorid)
5. *Kalium phosphoricum* (Kaliumphosphat)
6. *Kalium sulfuricum* (Kaliumsulfat)
7. *Magnesium phosphoricum* (Magnesiumphosphat)
8. *Natrium chloratum* (Kochsalz)
9. *Natrium phosphoricum* (Natriumphosphat)
10. *Natrium sulfuricum* (Natriumsulfat)
11. *Silicea* (Kieselsäure)
12. *Calcium sulfuricum* (Gips)

Später strich Dr. Schüßler das zwölfte Mittel aus seinem Repertoire und behandelte nur mit den ersten elf Mitteln. Von seinen Nachfolgern wurde es jedoch wieder aufgenommen.

Obwohl Schüßler am Beginn seiner ärztlichen Tätigkeit homöopathisch behandelte, hat seine Therapie mit der Hahnemannschen Behandlungsweise nur die Art der Herstellung der Präparate gemeinsam. Schüßler schrieb in seinem 1874 erschienenen Buch »Eine abgekürzte Therapie«: *»Mein Heilverfahren ist aber kein homöopathisches, denn es gründet nicht auf das Ähnlichkeitsprinzip, sondern auf die physiologisch-chemischen Vorgänge, welche im menschlichen Organismus sich vollziehen.«*

Nach Schüßlers Tod wurden die Forschungsarbeiten fortgeführt und man fand zwölf weitere Salze, die man Ergänzungsmittel nannte; sie werden zwar wesentlich seltener eingesetzt als die Funktionsmittel, aber der Vollständigkeit halber sollen sie ebenfalls erwähnt werden:

13. *Kalium arsenicosum* (Kaliumarsenit)
14. *Kalium bromatum* (Kaliumbromid)
15. *Kalium jodatum* (Kaliumjodid)
16. *Lithium chloratum* (Lithiumchlorid)
17. *Manganum sulfuricum* (Mangansulfat)

18. *Calcium sulfuratum* (Kalziumsulfid)
19. *Cuprum arsenicosum* (Kupferarsenit)
20. *Kalium-Aluminium sulfuricum* (Kalium-Aluminiumsulfat)
21. *Zincum chloratum* (Zinkchlorid)
22. *Calcium carbonicum* (Kalk)
23. *Natrium bicarbonicum* (Natron)
24. *Arsenum jodatum* (Arsentrijodid)

Die von Dr. Schüßler begründete »Biochemie« hat im Laufe der Jahre ihre Existenzberechtigung bewiesen. Sie ist risikolos, bei korrekter Anwendung wirksam und völlig auf den Menschen abgestimmt, also natürlich.

Mit den Funktionsmitteln (Nr. 1 bis 12) ist es möglich, fast jede Krankheit auszukurieren. Selbstverständlich können Degenerationen im Körper (z. B. eine zerstörte Bauchspeicheldrüse beim Diabetiker) nicht mit Hilfe der Biochemie wieder rückgängig gemacht werden. Weiterhin gibt es gefährliche Krankheiten wie Gehirnhautentzündung, Diphterie usw., bei denen der sofortige Einsatz von Antibiotika sicherer und sinnvoller ist. Doch der Verlauf auch solcher Krankheiten kann durch den *zusätzlichen* Einsatz der Funktionsmittel einen günstigeren Verlauf nehmen als bei einer ausschließlich konventionellen Behandlung.

Die Werbung will uns immer einreden, es gäbe *die* Medizin gegen Schnupfen, Husten etc. Bei der Biochemie nach Dr. Schüßler müssen wir nun ein wenig umdenken; denn die meisten Medikamente der allopathischen Medizin »heilen« ja keine Krankheiten, sondern bekämpfen nur die Symptome.

Wenn zum Beispiel am Auto die Warnlampe aufleuchtet, weil der Motor Öl verloren hat, fährt der Fahrer zur Tankstelle oder zur Werkstatt.

Angenommen, der Mechaniker würde jetzt die Kontrollampe herausschrauben, statt Öl nachzufüllen, was würde geschehen? Die Lampe leuchtet nicht mehr, signalisiert keinen Fehler in der Maschine. Würden Sie glauben, daß der Motor jetzt in Ordnung ist?

Dem Verhalten des pfuschenden Tankwarts entspricht zum Beispiel die Wirkung vieler Schmerzmittel. Die Schmerzen werden betäubt, und der Körper muß sich selbst helfen.

Die naturheilkundlich behandelnden Ärzte sind schon lange zu der Auffassung gelangt, daß es zwar viele Namen für Krankheiten gibt, aber im Grunde ist es immer dieselbe Krankheit: der kranke Mensch.

Ein Mensch wird dort krank, wo seine Abwehrkräfte am schwächsten sind. Deshalb ist es sinnvoller, den Körper zu unterstützen, mit der Krankheit selbst fertig zu werden, als nur die Krankheitserreger zu bekämpfen.

Bei der biochemischen Therapie nach Dr. Schüßler wird der Körper angeregt, die fehlenden Mineralsalze selbst auszugleichen. Auf welche Weise der Ausgleich geschieht, ist leider noch nicht restlos geklärt; aber aufgrund neuester Forschungen wird angenommen, daß es sich um eine kybernetische Information handelt, die elektro-chemische Veränderungen im Zellgewebe bewirkt.

Von den Kritikern der Biochemie und der Homöopathie wird immer wieder das Argument vorgebracht, derart kleine Mengen von Mineralsalzen könnten keine Veränderungen im Körper bewirken. Dem kann man entgegenhalten, daß die Wirkung von Heilquellen, welche Schwefel, Eisen, Kieselsäure usw. in gelöster Form enthalten, schon seit Jahrhunderten für die Wiederherstellung der Gesundheit genutzt wird.

Von der Weltgesundheitsorganisation (WHO) wird empfohlen, das Trinkwasser zur Vermeidung von Zahnkaries mit Fluor anzureichern. Dabei wird ein Milligramm Fluor pro Liter Wasser als ausreichend angesehen. Diese Verdünnung (1:1 000 000) entspricht der Potenz D6, die Dr. Schüßler mit dem Funktionsmittel Calcium fluoratum vor über 100 Jahren zur Unterstützung gegen Karies einsetzte.

Leider ist es für den Anfänger auf diesem Gebiet nicht immer einfach, das richtige Mittel zu finden; dazu ist ein eingehendes Studium der Mittelbilder nötig. Bei der Suche sind nicht nur die oberflächlichen Symptome zu berücksichtigen, sondern auch die speziellen Merkmale und die sogenannten Modalitäten.

Wenn der Arzt bei mehreren Patienten grippale Infekte diagnostiziert, sind trotz derselben Bezeichnung nicht zwei Krankheiten gleich: Der eine klagt zusätzlich über einen rauhen Hals, der zweite über Ohrenschmerzen, ein anderer über Muskelschmerzen und ein weiterer leidet an Atemnot. Es ist leicht einzusehen, daß es sich um ganz verschiedene Symptome handelt. Folglich muß auch für jeden Patienten ein individuelles Mittel gefunden werden.

Es ist wichtig, zu unterscheiden, ob die Absonderungen aus Nase oder Bronchien gelb, grün, braun oder glasig sind, ob der Schnupfen die Nase wund macht oder mild ist usw.

Wie das für den Patienten richtige Funktionsmittel gefunden werden kann, soll folgende Geschichte veranschaulichen:

»Wo willst du denn mit dieser ungeheuren Menge Taschentücher hin?« Werner deutete auf das Paket, das sein Kollege aus dem Nebenraum unter dem Arm trug. »Planst du eine längere Krankheit?«

Der winkte ab: »Ich hatte doch vor einigen Wochen eine Erkältung. Erinnerst du dich?«

Und ob Werner sich erinnerte. Er mußte damals komplizierte Berechnungen anstellen. Mehr als einmal hatten ihn die donnernden Nieser aus dem Nebenzimmer bei seinen Überlegungen gestört. »Ist das immer noch nicht vorbei?«

»Wie man's nimmt. Der Husten ist weg, das Niesen auch. Aber meine Nasenschleimhäute sind immer noch geschwollen, und die Nase ist ständig verstopft.«

»Und was machst du dagegen, außer Taschentücher kaufen?« fragte er grinsend.

»Mein Arzt hat mir ein Nasenspray verschrieben. Aber wenn ich es regelmäßig nehme, bekomme ich Stiche in der Lebergegend; da bin ich etwas empfindlich. Das steht auch als mögliche Nebenwirkung auf dem Beipackzettel, deshalb nehme ich das Spray nicht mehr.«

»Dann machst du also gar nichts gegen deinen chronischen Schnupfen?«

»Wieso chronisch?« Gerd, sein Kollege, sah ihn verwundert an. »Nach den paar Wochen kann man doch nicht von chronisch sprechen. Der Schnupfen wird schon wieder weggehen!«

»Ich würde das nicht auf die leichte Schulter nehmen. Für die Leber würde ich an deiner Stelle auch etwas tun.«

»Was würdest du denn tun, Herr Medizinmann?« fragte er ironisch.

»Hast du schon mal von der Biochemie nach Dr. Schüßler gehört?«

Gerd schüttelte den Kopf.

Werner griff in seinen Aktenkoffer und reichte ihm eine kleine Broschüre mit dem Titel »Mineralstoffe des Lebens«. »Diesen Prospekt habe ich aus der Apotheke. Lies ihn dir mal durch, und dann schreib heute abend in Ruhe deine Beschwerden auf. Morgen suchen wir dann gemeinsam das richtige Mittel für dich raus, wenn es dir recht ist.«

Gerd nickte und sie verabschiedeten sich.

Am nächsten Morgen betrat Gerd Werners Büro.

»Das ist ja ungeheuer interessant, was du mir da zu lesen gegeben hast. Kennst du dich wirklich damit aus?«

»Meine Frau und ich beschäftigen uns seit fast fünf Jahren damit. Bei kleinen Wehwehchen, mit denen wir sowieso nicht zum Arzt gehen, helfen wir uns auf diese Weise selbst.«

»Ich habe eine Liste meiner Beschwerden aufgeschrieben. Es ist alles nichts Schlimmes, aber wenn ich es so aufgeschrieben sehe, dann ist doch einiges nicht in Ordnung.

Da ist erst mal meine Gallenblase. Vor einigen Jahren hat mein Arzt Gallengrieß festgestellt. Ich trinke deshalb regelmäßig Brennesseltee.«

»Brennesseltee ist sehr gesund für die Gallenproduktion und dient zur Blutreinigung«, bestätigte Werner. »Aber mit der Biochemie kann man den ganzen Körper umstimmen. Bei Gallenbeschwerden ist Natrium sulfuricum, Natrium phosphoricum und evtl. Kalium sulfuricum angezeigt.« Er schrieb die drei Mittel auf einen Bogen Papier.

»Dann ist da mein Schnupfen mit gelbgrünlichem Schleim.«

»Gelbgrüne Absonderungen verweisen auf Natrium sulfuricum, Kalium sulfuricum, Natrium phosphoricum und Calcium sulfuricum.« Werner unterstrich auf seiner Liste Natrium sulfuricum, Kalium sulfuricum, Natrium phosphoricum und schrieb Calcium sulfuricum daneben.

»Dann ist da noch mein gelblicher Zungenbelag. Außerdem leide ich manchmal unter Atemnot, wenn ich etwas gegessen habe.«

»Gut, daß dir das aufgefallen ist, solche Kleinigkeiten können ausschlaggebend für die Wahl des richtigen Mittels sein. Gelben Zungenbelag finden wir bei Natrium phosphoricum und Natrium sulfuricum.« Er unterstrich die entsprechenden Mittel auf seiner Liste erneut. »Jetzt fehlt noch die ›Atemnot, verschlimmert nach Essen‹.« Werner überlegte einen Augenblick und blätterte in einem Buch. »Da gibt es nur Natrium phosphoricum.« Er sah ihn einen Moment nachdenklich an. »Das scheint das richtige Mittel für dich zu sein. Versuche Natrium phosphoricum D6, sechs Tabletten täglich. Aber du darfst nicht ungeduldig werden. Natrium phosphoricum wirkt sehr langsam. Einige Tage, vielleicht auch Wochen, mußt du schon Geduld haben, bis eine Besserung eintritt.«

Wenn man durch das Studium der Mittelbilder zu dem Ergebnis gelangt, daß mehrere Mittel zutreffen könnten, sollte das Mittel gewählt werden, welches die meisten Übereinstimmungen mit der Krankheit hat. Dabei dürfen auch die Symptome im geistig-seelischen Bereich nicht vernachlässigt werden, weil sie eventuell für die Wahl des Mittels ausschlaggebend sein können.

Dr. Schüßler verwendete nur ein Mittel zur selben Zeit, und ein Arzt, der sich zu Schüßlers Schülern zählt, wird es wohl genauso machen. Doch viele Ärzte und Heilpraktiker verwenden mehrere Mittel auf einmal, und in den Ländern der Dritten Welt behandeln manche Ärzte mit Mischungen aus den Mitteln, die am ehesten den jeweiligen Leiden angemessen sind, sogar schwerste Krankheiten wie Malaria, Lepra etc. So scheint also auch eine Mischung nicht zum Schaden des Patienten zu sein, obwohl im Prinzip die Behandlung mit einem Salz optimal ist.

Wann kann man nun als Patient zu den biochemischen Medikamenten greifen?

1. Nachts, am Wochenende, wenn die Beschwerden nicht allzu schlimm sind und noch kein Notarzt gerufen werden muß, oder im akuten Notfall als erste Maßnahme, bis der Arzt eintrifft.

2. Bei Leiden, die vom Arzt behandelt werden, kann der Körper durch die biochemischen Mittel zusätzlich unterstützt werden.

3. Bei kleinen »Wehwehchen«, die der Patient selbst mit frei verkäuflichen Mitteln aus der Apotheke behandelt.

Ebenso kann bei chronischen Krankheiten, die einer ständigen ärztlichen Behandlung bedürfen, die Menge der chemotherapeutischen Medikamente bei Verabreichung der biochemischen Salze meist verringert werden. Das darf aber **nur nach Rücksprache mit dem Arzt** geschehen!

Im allgemeinen brauchen die biochemischen Mittel bei chronischen Erkrankungen eine gewisse »Anlaufzeit«; denn eine Krankheit, die schon seit Jahren Beschwerden verursacht, kann nicht innerhalb von Tagen oder Wochen beseitigt werden. Doch ist in einzelnen Fällen auch in kürzerer Zeit eine Linderung zu spüren; dies hängt von der jeweiligen Verfassung des Patienten ab.

Die Mittel werden meist in der 6. Potenz (D6) eingenommen. Nur bei bestimmten chronischen Leiden und bei manchen Beschwerden im seelischen Bereich wird auf D12 zurückgegriffen. Silicea jedoch wird fast ausschließlich in der 12. Potenz gebraucht. Bei chronischen Krankheiten nehmen wir täglich drei bis sechs Tabletten, bei akuten Krankheiten stündlich je eine Tablette. Ferrum phosphoricum und Magnesium phosphoricum werden zweckmäßigerweise alle fünf bis fünfzehn Minuten eingenommen, bis die Beschwerden nachlassen.

Die Häufigkeit der Einnahme wird manchen Leser zunächst erschrekken, doch dazu besteht kein Anlaß. Ein gesundheitliches Risiko durch zu hohe Dosierung (wie z. B. bei chemischen Medikamenten) besteht aufgrund der dem Körper zugeführten geringen Menge des Funktionsmittels nicht; außerdem nimmt der Körper die Salze in der homöopathischen Aufbereitung nur soweit auf, wie er sie verarbeiten kann. Ein »Überangebot« wird mit dem Urin ausgeschieden.

Wichtig ist, daß die Tabletten nicht geschluckt werden! Man läßt sie im Mund zergehen, indem man sie beispielsweise zwischen Wange und Zahnfleisch legt und dort beläßt. Für die Behandlung von Säuglingen zerdrückt man die Tabletten zu Pulver und gibt dieses direkt auf die Zunge. Kinder nehmen die Mittel normalerweise gern, denn sie sind endlich einmal keine »bitteren Pillen«.

Nach dem Abklingen der Beschwerden sollten die Mittel noch eine Zeitlang in geringerer Dosierung weitergenommen werden.

In einzelnen Fällen kann es nach der Einnahme zu einer leichten Verschlimmerung kommen: ein Zeichen, daß das Mittel richtig gewählt wurde und der Körper darauf reagiert. In diesem Fall sollte die Dosis reduziert werden bzw. das Mittel bis zur Besserung der Beschwerden abgesetzt und dann in geringerer Dosierung weitergenommen werden.

Die Salze sind in Tablettenform in standardisierter Qualität – und verglichen mit chemischen Medikamenten zu einem Spottpreis – in jeder Apotheke erhältlich.

Bevor man sich als Patient für die Selbstbehandlung entscheidet, sollte man sich jedoch darüber klar sein, daß jede *ernsthafte* Erkrankung in die Hände des Arztes gehört. Das langjährige Studium und die manchmal jahrzehntelange Erfahrung des Arztes kann nicht durch die Beschäftigung mit der Biochemie Dr. Schüßlers aufgewogen werden. Die Möglichkeiten, eine Krankheit zu behandeln und die Gesundheit wiederherzustellen, waren noch nie so groß und so gut wie heute. Wenn aber Art und Ursache der Krankheit geklärt sind, spricht nichts dagegen, die Therapie des Arztes durch die biochemischen Funktionsmittel zu unterstützen.

Auf den folgenden Seiten finden Sie die Mittelbilder der biochemischen Funktionsmittel.

Funktionsmittel Nr. 1 – Calcium fluoratum

Allgemeines: Calcium fluoratum (Flußspat) befindet sich in den oberen Hautzellen, im Zahnschmelz, in den Knochen und im Gewebe. Es entlastet den Blutkreislauf, kräftigt die Gefäße und fördert den Abbau von Gewebs- und Gefäßverhärtungen. Es ist ein »langsames« Mittel, das heißt, es dauert einige Zeit, bis die Wirkung eintritt.

Bei allen Krankheiten, die mit dem Elastizitätsverlust der Blutgefäße zusammenhängen, also Krampfadern, Hämorrhoiden, Arterienverkalkung usw., ebenso bei Zahn- und Knochenkrankheiten, also Neigung zu Karies, Gelenkbeschwerden, Rückenschmerzen, sowie bei frühzeitigem Altern der Haut ist Calcium fluoratum angezeigt. Verhärtungen mit drohender Vereiterung sprechen gut auf Calcium fluoratum an. Während der Schwangerschaft ist es eines der wichtigsten Mittel.

Geeignet bei:
Bandscheibensschäden, Bruchleiden, Bindegewebsschwäche, Gewebeerschlaffung nach Schwangerschaft, Hautbeschwerden (vorzeitige Alterung, Erschlaffung), Hexenschuß, Ischias, Hornhautbildung, Knocheneiterungen, -erweichung, -schwellung, -entkalkung, Karies, Kreuzschmerzen beim Bücken, Lungenerweiterung (Emphysem), Parodontose, Plattfüßen, Rachitis und die Folgen, Schwangerschaft, Senkfüßen, grauem Star, Verhärtungen in der weiblichen Brust, Zahnungsschmerzen der Babys, Zahnverfall.

Wirkungsbereiche:
Geist, Gemüt: Nachlassende Konzentration und Arbeitsfreude. Der Patient ist gereizt, innerlich unruhig und depressiv. Die Konzentration ist nach dem Essen besser.
Kopf und Sinnesorgane: Benommenheit im Kopf; Besserung durch frische Luft, kaltes Waschen und Druck; Verschlimmerung durch Hitze, Sonne, schwüles Wetter und Bücken. Chronische Eiterungen des Mittelohres. Es fördert das Zahnen bei Säuglingen.
Hals: Kitzelhusten; Besserung nach Aushusten von Schleim. Krämpfe im Kehlkopf. Brennender Schmerz im Rachen. Krupphusten.
Brust und Rücken: Lungenblähung (Emphysem) nach Asthma. Husten mit Auswurf kleiner gelber Schleimklumpen.
Appetit: Ständiger Hunger, trotz Essens keine Sättigung. Bauchschmerzen zwei Stunden nach dem Essen, die durch erneutes Essen besser werden.
Becken: Kein Sexualtrieb beim Mann. Frauen: verstärkte Menstruation. Ausfluß milchig oder gelegentlich milchig-gelb.
Extremitäten und Knochen: Bei Ischias und Hexenschuß, wenn die Schmer-

zen bei Beginn der Bewegung schlimmer, bei fortgesetzter Bewegung gebessert werden (der Patient »läuft sich ein«). Zur Ergänzung der ärztlichen Behandlung bei Rachitis.
Haut: Verhärtungen in der Haut oder der weiblichen Brust. (Solche Beschwerden sollten immer vom Arzt untersucht werden!)
Schlaf: Lebhafte Träume. Schlaf erfrischt nicht.
Besonderheiten: Besserung durch Wärme und Bewegung; Verschlimmerung durch Kälte und Nässe und in Ruhe.

Funktionsmittel Nr. 2 – Calcium phosphoricum

Allgemeines: Calcium phosphoricum (Kalziumphosphat) ist das Salz, welches mengenmäßig am meisten im Körper vorhanden ist. Es wird zum Aufbau und zur Kräftigung dringend benötigt. Nach Dr. Schüßler wirkt es besonders gut bei blassen und blutarmen Menschen mit kränklichem Gesichtsausdruck, kalten Extremitäten und schwacher Verdauung. Es ist wie Calcium fluoratum ein langsam wirkendes Mittel und läßt sich gut mit diesem kombinieren. Wenn es richtig gewählt wurde, sollte man geduldig abwarten. Die Wirkung wird sich nach einiger Zeit einstellen.

Bei Beschwerden, die mit dem Wetterwechsel zusammenhängen, sollte zuerst an Calcium phosphoricum gedacht werden. Es ist hauptsächlich ein Kinder- und Frauenmittel und wirkt gut bei Personen mit ständig kalten Händen und Füßen sowie schwacher Verdauung. Kinder, die bei jedem Wetterwechsel erkältet sind, sollten über längere Zeit dreimal täglich das Mittel in D6 einnehmen.

Weitere charakteristische Symptome sind Taubheitsgefühl und Kribbeln in den verschiedenen Körperteilen.

Geeignet bei:

Blutarmut, Blutungen, die schwer zu stillen sind, Flechten, Gebärmutterverlagerungen, Knochenbrüchen, Kribbeln in Händen und Füßen, Lymphknotenschwellungen, Menstruationsbeschwerden, Nasenwucherungen, Nervosität, Rachitis, Schuppen, Schwangerschaft, Schweißneigung, Taubheitsgefühl, Weißfluß, Wetterfühligkeit, Zahnschäden bei Kleinkindern.

Wirkungsbereiche:

Appetit: Charakteristisch ist oft das Verlangen nach geräucherter Nahrung, nach Speck und Gesalzenem.
Geist, Gemüt: Mürrisch und vergeßlich.
Kopf und Sinnesorgane: Hilft bei Kopfschmerz infolge von Wetterwechsel. Heißer Kopf, Schmerzen in den Haarwurzeln. Zähne entwickeln sich langsam.
Hals: Schwäche der Halswirbelsäule. Schmerzende Halsmuskeln (auch durch Zugluft oder einseitige Belastung). Schmerz in den Mandeln, jedes Öffnen des Mundes verursacht Schmerzen.
Brust und Rücken: Husten, der sich beim Hinlegen bessert. Brust schmerzt. Schmerzen in der linken Lungenhälfte.
Becken: Der Geschlechtstrieb ist oft anomal vermehrt oder vermindert. Bei den Frauen morgens vermehrter Weißfluß.

Extremitäten: Taubheit und Kribbeln in allen Körperteilen. Hände und Füße sind ständig kalt.
Besonderes: Verschlimmerung nachts und in Ruhe, durch Kummer und Ärger sowie Wechsel von warmem zu kaltem Wetter; Besserung durch Wärme und Trockenheit, im Sommer.

Funktionsmittel Nr. 3 – Ferrum phosphoricum

Allgemeines: Das Eisen (chemisch: Ferrum) ermöglicht die Aufnahme und Aktivierung von Sauerstoff im Blut. Ferrum phosphoricum (Eisenphosphat) ist das wichtigste Mittel im ersten Stadium von Infekten. Die lebenswichtige Aufgabe des Eisens als ein Bestandteil des Blutfarbstoffes ist allgemein bekannt. Eisen wird zum Wachstum im Kindesalter benötigt, während der Menstruation und der Stillzeit. In der Verreibung D3 vermehrt es das Hämoglobin im Blut. Es kann bei allen akuten Krankheiten gegeben werden, besonders bei den ersten Anzeichen von Erkältungskrankheiten (Abgeschlagenheit, Gliederschmerzen, Druck im Ohr usw.) Zweckmäßigerweise nimmt man zu Beginn der Erkrankung alle fünf bis fünfzehn Minuten eine Tablette D6.

Geeignet bei:
Blutungen, Brüchen, Entzündungen, Fieber, Gehirnerschütterung, Heiserkeit bei Rednern und Sängern, Husten (wenn schmerzhaft und trocken), Keuchhusten, Kopfschmerzen, Lungenentzündung, Magenkatarrh, Masern, Muskelkater, Nierenentzündung, Quetschungen, Rose, Scharlach, Urinabgang (auch Bettnässen), Verletzungen, Verstauchungen.

Wirkungsbereiche:
Geist, Gemüt: Der Patient ist meist nervös, unruhig und ängstlich.
Kopf und Sinnesorgane: Kopfschmerzen mit Blutandrang zum Kopf. Bei Gehirnerschütterung im Wechsel mit Kalium phosphoricum (auf jeden Fall zum Arzt!). Bei Beginn einer Mittelohrentzündung. Zahnfleischentzündung.
Hals: Mandelentzündungen, Heiserkeit bei Rednern und Sängern. Schmerzhafter, trockener Husten (im Wechsel mit Magnesium phosphoricum).
Brust und Rücken: Trockener, hackender Husten, der sich nachts bessert.
Becken: Magenkatarrh mit Erbrechen, Durchfälle mit Fieber.
Extremitäten: Muskelkater, Hexenschuß.
Haut: Rose, Masern, Scharlach.
Schlaf: Der Kranke kann keine Ruhe finden, schlaflos.
Besonderheiten: Verschlimmerung nachts, bei Wärme und Bewegung; Besserung durch Kühle und Ruhe.

Funktionsmittel Nr. 4 – Kalium chloratum

Allgemeines: Kalium chloratum (Kaliumchlorid) befindet sich in allen Zellen des Körpers und wirkt hauptsächlich auf die Erregbarkeit von Nerven und Muskeln. Es regt den Stoffwechsel an, wirkt resorbierend (aufsaugend) auf alle Ausschwitzungen der Haut und nach Entzündungen. Sehr nützlich ist es im zweiten Stadium der Entzündung, wenn der erste Fieberschub vorbei ist, und bei Drüsenschwellungen. Weißer oder grauer Belag auf der Zungenbasis oder Auswurf von dickem weißen Schleim sind sichere Zeichen für Kalium chloratum. Kalium chloratum ist bei allen Erkrankungen der Schleimhäute sowie von Brust- und Rippenfell angezeigt. Bei Schleimbeutelentzündung hat es sich als sehr wirksam erwiesen.

Geeignet bei:
Bindehautentzündung, Blasenkatarrh, Durchfall, Gelbsucht, Gelenkrheumatismus, Husten, Impffolgen, Leberschwellungen, Lidentzündung, Lungenentzündung im Lösungsstadium, Lymphknotenschwellungen, Masern, Rippenfellentzündung, Scharlach, Schleimbeutelentzündung, Sehnenscheidenentzündung, Soor, Stockschnupfen, Verbrennungen mit Blasen, Warzen, Windpocken.

Wirkungsbereiche:
Kopf und Sinnesorgane: Weißliche Absonderungen der Augen. Mittelohrentzündungen. Schnupfen mit weißem oder grauem Schleim. Es wirkt vorzüglich bei chronischem Schnupfen und Stockschnupfen. Mundfäule, wenn das Innere des Mundes weiß oder grau belegt ist. Kopfschmerzen mit Erbrechen. Milchschorf. Trübung der Augenhornhaut.
Hals: Rachenkatarrh, Krupphusten. Mandeln stark vergrößert, starke Atembeschwerden, Katarrh der eustachischen Röhre.
Brust und Rücken: Stimmverlust. Asthma mit Magenbeschwerden. Husten mit weißem Auswurf, der sich schwer abhusten läßt.
Bauch und Becken: Verdauungsstörungen durch fette und reichliche Nahrung. Erbrechen von weißem Schleim. Hunger verschwindet nach Trinken von Wasser. Menstruation zu spät. Absonderung von milchig-weißem, nicht reizendem Schleim.
Extremitäten: Schwellung der Gelenke.
Haut: Blasen, die dickliche weiße Flüssigkeit enthalten.
Besonderheiten: Besserung durch Wärme; Verschlimmerung durch Bewegung, gewürzte, fette oder reichliche Speisen.

Funktionsmittel Nr. 5 – Kalium phosphoricum

Allgemeines: Kalium phosphoricum (Kaliumphosphat) ist besonders wichtig für die Blutflüssigkeit, die roten Blutkörperchen, das Gewebe, Nerven-, Gehirn- und Muskelzellen. Kaliummangel führt zur Ermüdung dieser Organe, was meist mit psychischen Störungen (Depressionen, Gedächtnisschwäche usw.) verbunden ist. Kalium phosphoricum eignet sich hervorragend bei Erschöpfungszuständen, nervöser Schlaflosigkeit, zur Unterstützung der Behandlung von organischen Herzleiden, bei Kräfteverfall nach Infektionskrankheiten. Brandige Zustände mit übelriechenden Absonderungen sprechen gut auf das Mittel an.

Eines der besten »Nervenmittel«. Es paßt ausgezeichnet für junge Leute. Wirkt auf das zentrale Nervensystem.

Geeignet bei:
Arterienverkalkung, Asthma, Blähungen (auch übelriechenden Winden), Durchfällen, Gehirnerschütterung, Hautausschlägen, Herzbeschwerden, Kopfschmerzen, Krämpfen durch Überanstrengung, Lähmungen nach Schlaganfällen, Magenleiden, Nervenstörungen nach Alkoholmißbrauch, nervösen Störungen ohne organische Ursache, zur Unterstützung einer Psychotherapie, Rekonvaleszenz nach fieberhaften Erkrankungen, Regelbeschwerden bei blassen Frauen, Rückenschmerzen, Schlaflosigkeit (nervös), Völlegefühl, Wehenschwäche bei Geburten (vorbeugend), Zwölffingerdarmgeschwüren.

Wirkungsbereiche:
Geist, Gemüt: Depressionen, Angst, schlechtes Gedächtnis, geistige Überanstrengung, Erschöpfungszustände, nervöse Furcht. Der Kranke ist unfähig, sich etwas zu merken.
Kopf und Sinnesorgane: Hinterkopfschmerz, Besserung durch Aufstehen. Schwindlig im Liegen. Summen im Ohr. Nasenerkrankungen mit übelriechenden Absonderungen. Rechtsseitige Neuralgien; Besserung durch kalte Anwendungen. Übler Mundgeruch. Trockener Mund am Morgen, Nervenstörungen nach Alkoholmißbrauch (Zittern der Hände, unsicherer Gang).
Hals: Wunder Hals. Lähmung der Stimmbänder.
Brust, Rücken und Bauch: Nervöses Gefühl in der Magengrube. Rückenschwäche und -schmerzen, Muskelmüdigkeit am ganzen Körper. Nervöses Asthma und/oder Verschlimmerung durch Nahrungsaufnahme. Luftmangel beim Treppensteigen. Husten mit gelblichem Auswurf. Rücken wie gelähmt. Heißhunger bald nach dem Essen. Zur Unterstützung der Behandlung von Herzerkrankungen.

Becken: Durchfälle nervöser Art. Sehr gelber Urin. Dickdarmentzündungen. Menstruation zu spät oder zu spärlich. Beim Mann nächtliche Ergüsse; sexuelle Kraft vermindert; Erschöpfung nach dem Koitus.
Extremitäten: Arme und Beine wie gelähmt.
Haut: Kälteempfindlichkeit. Stellenweiser Haarausfall.
Besonderheiten: Besserung durch leichte Bewegung; Verschlimmerung durch Anstrengung, seelische Erregung, Geschlechtsverkehr sowie morgens.

Funktionsmittel Nr. 6 – Kalium sulfuricum

Allgemeines: Kalium sulfuricum (Kaliumsulfat) unterstützt das Eisen beim Transport des Sauerstoffes im menschlichen Körper. Es hilft in den letzten Stadien von Entzündungen, besonders wenn Abschilferungen und/oder gelbe, schleimige Absonderungen auftreten. Ebenso hilfreich ist Kalium sulfuricum, wenn Krankheiten nicht richtig herauskommen, wenn die Krankheit nach innen zu schlagen droht (z. B. wenn bei Masern oder ähnlichen Krankheiten kein Ausschlag auftritt). Ein charakteristisches Kennzeichen sind gelbgrünliche milde Absonderungen. Wenn Fieber besonders nachts ansteigt und am Tag wieder absinkt, sollte ebenfalls an Kalium sulfuricum gedacht werden.

Geeignet bei:
Bindehautkatarrh, Bronchialkatarrh, Fischschuppenhaut (Ichthyosis), Gallenblasenentzündung, Gelbsucht, Hautjucken, Kehlkopfkatarrh, Keuchhusten im Lösungsstadium, Leberentzündung, Luftröhrenkatarrh, Magen-Darm-Katarrh mit gelblichem Zungenbelag, Masern (Schuppungsstadium), Mittelohrentzündung, Scharlach (Schuppungsstadium), Schleimhautkatarrhe, Schuppenflechte (Psoriasis), Schnupfen, Stinknase, Polypen.

Wirkungsbereiche:
Kopf und Sinnesorgane: Rheumatischer Kopfschmerz, der abends beginnt. Kopfschuppen. Erkältungen mit gelb-schleimiger Absonderung. Verstopfte Nase. Eitriger Schnupfen mit grünlicher oder gelber Schleimabsonderung. Schmerzendes Gesicht in geheizten Zimmern. Gelbe oder schleimig belegte Zunge.
Hals: Kehlkopfkatarrh.
Brust und Rücken: Starkes Rasseln auf der Brust. Bronchialasthma mit gelblichem Auswurf. Krupp. Husten, der abends und bei warmem Wetter schlimmer wird. Schmerzen in Nacken und Rücken.
Bauch und Becken: Gelb-schleimige Durchfälle. Zu späte, spärliche Menstruation. Weißfluß der Frauen. Magen- und Darmkatarrh mit gelblichem Zungenbelag. Gelbsucht, Leberentzündung. Gallenblasenentzündung.
Extremitäten: Schmerzen in den Gliedern. »Umherwandernde« Schmerzen. Rheumatismus.
Haut: Haut- und Kinderkrankheiten im Stadium der Schuppung. Psoriasis, Ekzem, Nesselfieber und jeder brennende, juckende Ausschlag, besonders wenn er sich nachts verschlimmert.
Besonderheiten: Besserung in kühler Luft, im Freien; Verschlimmerung abends und durch Wärme.

Funktionsmittel Nr. 7 – Magnesium phosphoricum

Allgemeines: Magnesium phosphoricum (Magnesiumphosphat) wird auch »homöopathisches Morphium« genannt. Wie kein anderes Mittel hilft es bei Schmerzen und Krämpfen, besonders wenn sie »blitzartig« auftreten. Es wirkt antiallergetisch und antithrombotisch. Es hat Einfluß auf die Erregbarkeit der Nerven und die Herzfunktion (vorbeugend gegen Herzinfarkt).

Magnesium senkt den Cholesterinspiegel im Blut. Oft spürt der Patient ein Kältegefühl im Rücken. Es wirkt gut auf die Beschwerden zahnender Kinder. Bei Krämpfen und Koliken wirkt es besonders schnell, wenn sieben bis zehn Tabletten in heißem Wasser gelöst (mit Holz- oder Kunststofflöffel umrühren, nicht mit Metall!) und schluckweise eingenommen werden. Im Volksmund wird diese Art der Einnahme »Heiße Sieben« genannt, weil Magnesium phosphoricum das 7. Mittel in der Reihe der biochemischen Salze ist.

Geeignet bei:

Asthma, Blähungskoliken, Husten, Koliken, Kugelgefühl im Hals, Krämpfen, Lähmungen aller Art, Lungentuberkulose im Anfangsstadium, Migräne, Neuralgien, Reißen in allen Körperteilen, Schlafstörungen durch innere Unruhe, Schluckauf, Schüttellähmung, Sehstörungen (auch nach Gehirnerschütterung).

Wirkungsbereiche:

Geist, Gemüt: Der Patient ist ängstlich und depressiv, klagt über unerträgliche Schmerzen.
Kopf und Sinnesorgane: Schwindel beim Bewegen. Schmerzen, beginnend im Hinterkopf oder wie elektrische Schläge empfunden; Besserung durch Wärme oder Druck, Gehen im Freien. Neuralgische Schmerzen im Gesicht, in den Ohren oder an den Augen. Trigeminusneuralgie. Gefühl, als wäre das Gehirn flüssig und schwappte hin und her. Reichlicher Schnupfen, wechselnd mit verstopfter Nase. Krampfartiger Schluckauf.
Hals: Schmerzhaft und steif, besonders rechts. Heisere Stimme, rauhe Kehle. Eine Kugel scheint im Hals zu sitzen.
Brust und Rücken: Asthmatische Beschwerden, krampfartiger Husten, Keuchhusten.
Becken: Schmerzhafter Harndrang. Ablagerungen im Urin. Bei Männern starke Steigerung des sexuellen Verlangens, bei Frauen Regel verfrüht. Kolikartige Schmerzen vor der Menstruation; Besserung bei Einsetzen der Menstruation.

Extremitäten: Schmerzen in den Nerven, Muskeln und Gelenken. Ischias. Besserung durch Wärme, Verschlimmerung bei Bewegung.
Schlaf: Schlafstörungen durch gräßliche Träume. Erwachen gegen 3 Uhr morgens, Müdigkeit, Schläfrigkeit tagsüber.
Besonderheiten: Besserung durch Wärmeanwendungen, Krümmen des Körpers, Druck, Reiben. Schlimmer auf der rechten Seite, durch Kälte, Berühren und nachts.

Funktionsmittel Nr. 8 – Natrium chloratum

Allgemeines: Natrium chloratum (Kochsalz, von einigen Arzneimittelherstellern auch Natrium muriaticum genannt) ist das wichtigste Salz im menschlichen Körper. Die Gegner der Biochemie und der Homöopathie argumentieren häufig, daß jeder Mensch täglich mehrere Gramm Kochsalz mit der Nahrung zu sich nehme und es deshalb unmöglich sei, mit Kochsalz Krankheiten zu heilen. Dem gegenüber steht die jahrhundertelange Erfahrung der Homöopathie und Biochemie, die Natrium chloratum in potenzierter Form mit Erfolg zur Behandlung der verschiedensten Beschwerden einsetzt. Meist ist Natrium chloratum dort angezeigt, wo die Schulmedizin das Kochsalz verbietet. Dieser scheinbare Widerspruch erklärt sich dadurch, daß Kochsalz in großen Mengen den Körper schädigt, in homöopathischer Potenzierung aber die Tätigkeit der Zellen anregt. Der Rat, die Kochsalzmenge zu beschränken, sollte also befolgt werden.

Natrium reguliert den Wasserhaushalt, unterstützt die Neubildung der Körperzellen und regt die Bildung von roten Blutkörperchen an.

Charakteristische Symptome, bei denen sich die Einnahme von Natrium chloratum empfiehlt, sind dünne, wäßrige, ätzende und beißende Absonderungen; dabei sind die Schleimhäute meist trocken. Große Schwäche und Müdigkeit sind weitere Merkmale. Besonders deutlich und ausgeprägt ist die Schwäche morgens im Bett.

Geeignet bei:
Abmagerung, Bleichsucht, Bronchitis, Gürtelrose, Hämorrhoiden, nässenden Hautausschlägen, Hysterie, Kopfschmerzen, Kribbeln und Taubheitsgefühl in Armen und Beinen, Migräne, Muskelschwund, Nebenhöhlenentzündung, Neigung zu ständiger Erkältung, Nesselfieber, Niednägeln, Rheuma, Schleimhaut- und Magen-Darm-Katarrh, Säuremangel, Tränen- und Speichelfluß.

Wirkungsbereiche:
Geist, Gemüt: Weinen, Zaghaftigkeit, Pessimismus, Gereiztheit; Verschlimmerung der Beschwerden durch Trost.
Kopf und Sinnesorgane: Klopfende, berstende Kopfschmerzen, meist vormittags und morgens mit Schwindel und Übelkeit; Besserung gegen Nachmittag und durch Hinlegen. Ausschlag am Haaransatz. Blasses Gesicht. Tränenfluß, entzündete Lider, Bindehautkatarrh. Gefühl wie Sand in den Augen. Schnupfen mit klaren Absonderungen, der ätzt und die Nasenränder wund macht. Husten, der sich beim Betreten eines warmen Raumes und bei naßkaltem Wetter verschlimmert. Übler Mundgeruch. Brennen an der Zungenspitze.

Brust und Rücken: Herzstiche, Verschlimmerung durch Liegen auf der linken Seite. Rückenschmerzen, die durch Liegen auf fester Unterlage gebessert werden. Sodbrennen. Husten durch Kitzeln in der Magengrube. Herzschlag scheint beim Hinlegen auszusetzen. Stiche im ganzen Brustkorb.

Becken: Unwillkürlicher Urinabgang beim Husten. Kann in Gegenwart anderer keinen Harn lassen. Libido bei Männern vermindert, unfreiwilliger Samenabgang, verstimmt und mürrisch nach Geschlechtsverkehr. Bei Frauen kommt die Menstruation zu spät und zu spärlich, meist besteht Abneigung gegen Geschlechtsverkehr.

Extremitäten: Rheumatische Schmerzen überall, die durch Kälte und nasses Wetter schlimmer werden. Niednägel.

Haut: Ausschlag und Akne an der Haargrenze. Trockene oder fettige Haut. Neigung zu Rissen.

Schlaf: Einschlafstörungen und häufiges Erwachen, besonders nachts zwischen 2 und 4 Uhr. Lebhafte Träume von Feuer, Raub und Mord. Nervöses Zucken im Schlaf.

Besonderheiten: Verschlimmerung morgens und vormittags, durch geistiges Arbeiten, feuchtes oder kühles Wetter, durch Trost und beim Sprechen über die Beschwerden; Besserung durch trockene, warme und frische Luft. Der Patient hat viel Durst und verlangt nach gesalzenen Speisen.

X

Funktionsmittel Nr. 9 – Natrium phosphoricum

Allgemeines: Natrium phosphoricum (Natriumphosphat) ist vorwiegend in den Gehirnzellen, Nerven, Muskeln und im Bindegewebe vorhanden. Es löst die Harnsäure, damit sie über die Nieren ausgeschieden werden kann. Es ist wichtig für das Ausscheiden der Stoffwechselendprodukte und beteiligt beim Kohlensäureaustausch des Blutes.

Natrium phosphoricum ist hervorragend geeignet zur Neutralisierung eines eventuell vorhandenen Säureüberschusses im Körper, wirkt gut bei Krankheiten, die durch Stoffwechselstörungen ausgelöst wurden. Ein charakteristisches Symptom, das die Einnahme von Natrium phosphoricum ratsam erscheinen läßt, ist der dicke gelbe Schleim bzw. Absonderungen in dieser Farbe.

Geeignet bei:

Augenentzündungen, offenen Beinen, Blasenkatarrh, Drüsenschwellungen, Gallen- und Nierensteinen sowie -grieß, knackenden Gelenken, Gicht, Hautausschlägen mit rahmartigen, honigfarbigen Absonderungen, Ischias, Magenkatarrh mit saurem Aufstoßen, Rachenkatarrh, Rheuma, saurem Erbrechen, Sodbrennen, schlecht heilenden Wunden, Zuckerkrankheit (zusätzlich zur ärztlichen Behandlung).

Wirkungsbereiche:

Kopf und Sinnesorgane: Zunge dick gelb belegt. Gelbliche, rahmartige Absonderungen aus den Augen. Gelber Belag hinten auf der Zunge. Dumpfes Gefühl morgens. Jucken der Nase. Soor.

Brust und Rücken: Sodbrennen, Magenübersäuerung, besonders nach dem Genuß von Zucker und Süßigkeiten. Bronchitis mit dickem, gelbem Auswurf. Atembeschwerden nach dem Essen. Saures Aufstoßen, saurer Geschmack.

Becken: Sexuelle Erregung bei gleichzeitiger Erektionsschwäche. Gelbrahmiger Ausfluß. Gallen- und Nierenbeschwerden. Harn dunkel, wundmachend, scharf.

Haut: Saurer Schweiß.

Extremitäten: Knackende Gelenke. Rheumatischer Schmerz in den Kniegelenken.

Besonderheiten: Verschlimmerung durch Bewegung, fette Speisen und feuchtkaltes Wetter.

Funktionsmittel Nr. 10 – Natrium sulfuricum

Allgemeines: Natrium sulfuricum (Glaubersalz) ist nur zum geringen Teil in den Zellen, aber um so mehr in den Gewebesäften enthalten. Es beseitigt Stoffwechselschlacken, entgiftet den Organismus, indem es die Entwässerung des Körpers unterstützt, außerdem regt es den Gallenfluß an. In der Wirkung ähnelt es Natrium chloratum. Oft wird Natrium sulfuricum eingesetzt, wenn die Reaktion auf Natrium chloratum nachläßt.

Natrium sulfuricum ist geeignet für schwerfällige, matte Menschen, die ständig frösteln und auch nachts im Bett nicht richtig warm werden.

Wenn die Absonderungen gelbgrünlich sind oder Gallenbeschwerden bestehen, sollte Natrium sulfuricum in die engere Wahl gezogen werden.

Geeignet bei:
Asthma, Bauchspeicheldrüsenentzündung, Gallenbeschwerden, Gelbsucht, Gicht, grippalen Infekten, die sich in die Länge ziehen und nicht richtig auskuriert wurden, erhöhtem Harnsäurespiegel, Leberbeschwerden, Magen-Darm-Katarrh, Meningitis, Reißen in den Gliedern, Rheumatismus, Schnupfen, Wetterfühligkeit bei Wechsel von trockenem zu feuchtem Klima, Zuckerkrankheit, besonders nach Leberentzündung, Zwölffingerdarmkatarrh.

Wirkungsbereiche:
Geist, Gemüt: Mißlaunig, verstimmt. Traurig durch Musik. Neigung zum Lebensüberdruß. Gleichgültigkeit und Schwerfälligkeit.
Kopf und Sinnesorgane: Schwindel und Benommenheit. Bindehautkatarrh. Bleiches Gesicht. Bitterer Geschmack im Mund. Grau-grünlicher oder brauner Zungenbelag. Schmerzen im Hinterkopf. Schwindel. Bohrender Schmerz in der rechten Schläfe. Nasenkatarrh mit dicker gelber Absonderung. Lichtscheu.
Hals: Dicker, gelbgrünlicher Schleim.
Brust und Rücken: Trockener Husten mit wenig Schleim. Stechende Schmerzen in der Brust beim Husten. Asthma oder Atemnot bei nebligem, naßkaltem Wetter. Manchmal reichlicher, lockerer Auswurf. Als konstitutionelles Mittel bei asthmakranken Kindern, die schwerfällig, matt und frostig sind, über lange Zeit einzunehmen.
Bauch und Becken: Geräuschvolle, übelriechende Blähungen. Leber-Gallen-Gegend ist druckempfindlich. Stiche in der Leber bei tiefem Durchatmen. Durchfälle, meist mit schneidenden Leibschmerzen, Verschlimmerung morgens. Stuhlgang dünn, wäßrig, gußweise, Verschlimmerung nach feuchtem Wetter. Durchfall wechselnd mit Verstopfung. Urindrang vermindert oder vermehrt, meist dunkel. Menstruation scharf und reichlich.

Extremitäten: Rheumatische Schmerzen, die durch kaltes, feuchtes Wetter und an Seen schlimmer werden. Nagelbettentzündung. Gicht. Knacken der Gelenke. Rheumatismus.

Haut: Warzenähnliche Hautknötchen. Jucken beim Entkleiden. Gelbliche, wäßrige Blasen.

Besonderheiten: Beschwerden treten oft periodisch auf. Verschlimmerung morgens, durch feuchtes Wetter oder feuchte Umgebung, linke Seite. Besserung durch trockenes Wetter oder Druck. Musik macht traurig.

Funktionsmittel Nr. 11 – Silicea

Allgemeines: Rund ein Viertel der Erdrinde besteht aus dem Element Silizium (Quarz). Trotzdem kommt es im menschlichen Körper nur in winzigen Mengen vor. Silicea (Kieselsäure, Quarz) ist als Bestandteil des Bindegewebes wichtig. Es wirkt auf die Bildung der Haut, der Nägel, Haare und Knochen. Es steigert die Widerstandsfähigkeit und Festigkeit der Gewebe. Wichtig ist Silicea ebenfalls für die Nebennieren, die Lymphdrüsen und die Lunge. Die Kieselsäure ist beteiligt an der Aufnahme von Kalzium aus der Nahrung. Weiterhin aktiviert sie die Freßzellen, die für die Abwehr von Infektionen wichtig sind.

Geeignet bei:
Augenlidentzündung, stinkendem, blutigem Auswurf, Bindehautentzündung, Drüsenverhärtungen, Eiterungen, Erkältungsneigung, Fisteln, Gedächtnisschwäche, Haarausfall, Husten, Kopfschmerzen, Muskelschwäche, Nagelkrankheiten (Wachstumsstörungen, Verkrüppelungen), Krusten in der Nase, Ohrensausen, Schlafwandeln, Schluckbeschwerden (Nahrung gerät »in den falschen Hals«), Schnupfen, Schwäche, Schweiß, Schwerhörigkeit, Wetterfühligkeit, Zahnfleischentzündung, Zittern.

Wirkungsbereiche:
Geist, Gemüt: Weinerliche Stimmung. Schreckhaft, empfindlich gegen Geräusche. Erträgt keinen Widerspruch. Verwirrung, Zerstreutheit.
Kopf und Sinnesorgane: Kopfschmerzen, Besserung durch Einhüllen des Kopfes oder nach Urinabgang; Verschlimmerung durch Lärm, geistige Anstrengung. Entzündung der Augenlider, Horn- und Bindehäute, der Tränenkanäle mit eitrig-schleimiger Absonderung. Schwerhörigkeit, Ohrensausen. Stock- und Fließschnupfen. Gefühl, als wäre ein Haar auf der Zunge. Geschwollenes und entzündetes Zahnfleisch. Zahnschmerzen durch Kälte. Appetit ganz verloren oder nur geringer Hunger. Widerwillen gegen gekochte Speisen.
Hals: Husten durch Kitzeln im Hals. Halsschmerzen beim Schlucken. Lymph- und Speicheldrüsen schmerzhaft geschwollen. Pieken in den Mandeln.
Brust, Bauch und Rücken: Rasseln in der Brust mit schleimig-eitrigem Auswurf. Schmerzende Brustwarzen. Erkältungen lösen sich nicht.
Becken: Stinkende Durchfälle, schlimmer nach Milchgenuß. Brennende Schmerzen in der Harnröhre beim Wasserlassen. Schmerzhafte Erektionen vor dem Aufstehen. Zerschlagenheit nach Geschlechtsverkehr. Wäßriger, wundmachender, übelriechender Ausfluß.
Extremitäten: Muskelschwäche. Zittern. Gelenkschmerzen, Besserung

durch Bewegung, Verschlimmerung in Ruhe. Wundmachender Fußschweiß.

Haut: Geschwollene und verhärtete Lymphdrüsen. Neigung zu eitrigen Entzündungen, Furunkeln, Fisteln u. ä. Schlechte Heilung selbst kleinster Wunden.

Schlaf: Unruhig, ängstliche Träume, Schlafwandeln.

Besonderheiten: Verschlimmerung durch Kälte, abends, nachts sowie bei Bewegung, Neu- und Vollmond; Besserung durch Wärme.

Funktionsmittel Nr. 12 – Calcium sulfuricum

Allgemeines: Calcium sulfuricum (Gips) kommt in der Leber und der von ihr produzierten Gallenflüssigkeit vor. Es ist neben Silicea ein wichtiges Mittel bei eitrigen Prozessen. Calcium sulfuricum regt den Stoffwechsel an und fördert die Blutgerinnung. Wenn die Absonderungen dick, klumpig, weißlichgelb, schleimig oder eitrig sind oder wenn leichte Nervenschmerzen auftreten, sollte an Calcium sulfuricum gedacht werden. Dieses Mittel ist mit Silicea eng verwandt, deshalb werden beide Mittel oft im Wechsel angewandt.

Geeignet bei:
Abszessen, Augenentzündungen, Blasenentzündung, Bronchialkatarrh, Bronchitis bei alten Menschen, Eiterbeulen, Eiterung von offenen Wunden, Ekzemen mit krustiger Schorfbildung, Furunkeln, Gedächtnisschwäche, Lungenerkrankungen, Lupus vulgaris, Milchschorf, Nierenentzündung, Rheumatismus, Schlaflosigkeit, Schnupfen (auch bei Beteiligung der Kiefernhöhlen), Schwindel.

Wirkungsbereiche
Kopf und Sinnesorgane: Grindkopf mit eitriger Absonderung oder gelben Krusten. Augenentzündungen. Herpes. Gelber Belag auf der Zungenbasis. Chronischer Schnupfen, Stirnhöhlenentzündung.
Hals: Husten mit lockerem Schleim im Hals. Halsentzündungen im letzten Stadium, wenn gelber Eiter abgesondert wird.
Brust und Rücken: Husten mit dickem, klumpigem, weißlichgelbem oder eitrigem Schleim.
Becken: Durchfall nach Wetterwechsel. Menstruation spät, langanhaltend, verbunden mit Kopfschmerz und großer Schwäche.
Haut: Eitrige Ausschläge. Lupus vulgaris. Schlecht heilende Wunden.
Besonderheiten: Der Patient fühlt sich besser, wenn er unbedeckt und kühl ist.

Ergänzungsmittel Nr. 13 – Kalium arsenicosum

Kalium arsenicosum wird bei schwer zu beeinflussenden Hautleiden, die mit Jucken, Nervenstörungen, Lähmungen und Krämpfen einhergehen, mit Erfolg eingesetzt. Weiter wurden gute Erfolge bei Abmagerung, Anämie und wäßrigen Durchfällen erzielt. Es wirkt gut bei unruhigen, nervösen Patienten. Wenn Hauterkrankungen ohne erkennbare äußere Ursache bösartig werden, sollte Kalium arsenicosum zur Unterstützung zusätzlich zur ärztlichen Behandlung gegeben werden, ebenso bei juckenden Hauterkrankungen, die sich beim Entkleiden, durch Wetterwechsel und Wärme verschlimmern, außerdem zur Unterstützung bei Psoriasis.

Ergänzungsmittel Nr. 14 – Kalium bromatum

Kalium bromatum wirkt hauptsächlich auf das Nervensystem und auf die Haut, ferner wird es bei Erkrankungen der Schilddrüse und bei Schleimhautreizungen eingesetzt. Es wirkt vorzüglich bei Schlafstörungen und als Beruhigungsmittel, ebenso bei manisch-depressiven Zuständen, Epilepsie, Krupp- und Keuchhusten sowie Bronchialasthma.

Im Gemütsbereich kann die tiefe Melancholie eines Patienten oder Alpdrücken ausschlaggebend für die Wahl dieses Mittels sein. Weitere Hinweise, dieses Mittel einzusetzen, sind: taubes Gefühl im Kopf, Erbrechen mit intensivem Durst, innere Kälte im Bauch, Schwäche, Impotenz und fehlendes sexuelles Verlangen, dabei sexuelle Erregung im Halbschlaf bei Männern, übertriebenes sexuelles Verlangen bei Frauen, Gesichtsakne, Psoriasis, unruhiger Schlaf, Schlafwandeln mit extremer Benommenheit; Besserung der Beschwerden bei geistiger und körperlicher Beschäftigung.

Ergänzungsmittel Nr. 15 – Kalium jodatum

Die Bedeutung von Jod für die menschliche Ernährung ist allgemein bekannt. Die bekannteste Folge des Jodmangels ist der Kropf, der in seefernen Gebieten verbreitet, bei den Bewohnern der Meeresküsten hingegen fast unbekannt ist.

Kalium jodatum wirkt auf Schilddrüse, Leber, Milz, Nieren, Magen, Haut, Haare und Nägel. Es dämpft erhöhten Blutdruck, regt Herz- und Hirntätigkeit an, fördert Appetit und Verdauung.

Es ist geeignet zur Behandlung der Arteriosklerose und – wegen des Jodgehaltes – von Schilddrüsenstörungen.

Von Kalium jodatum werden außerdem die folgenden Beschwerden günstig beeinflußt: Rheumatismus in Nacken und Rücken, Drüsenschwellungen, Seitenkopfschmerz, Trigeminusneuralgie, Schnupfen mit scharfen, heißen, wäßrigen Absonderungen (vgl. bei Natrium chloratum), Nasenverstopfung mit trockener Schleimhaut ohne Absonderungen, Rücken- und Steißbeinschmerzen, Ischias, festsitzender Husten, Auswurf wie grünlicher Seifenschaum; Besserung bei Bewegung in frischer Luft, Verschlimmerung beim Tragen warmer Kleidung, in warmen Räumen, nachts und bei feuchtem Wetter.

Ergänzungsmittel Nr. 16 – Lithium chloratum

Der Hauptwirkungsbereich von Lithium chloratum umfaßt die gichtig-rheumatischen Erkrankungen mit Anschwellen der Gelenke bei gleichzeitiger allgemeiner Abmagerung und Erschöpfung.

Weiterhin betrifft es Entzündungen der Harnwege. In neuerer Zeit wird es auch zur Behandlung manisch-depressiver Zustände eingesetzt.

Im Mittelbild zeigen sich Schwindel, verschwommenes Sehen, Völle des Kopfes und deutliches Zittern.

Ergänzungsmittel Nr. 17 – Manganum sulfuricum

Es wird hauptsächlich zusammen mit Ferrum phosphoricum bei Blutarmut, Erschöpfungszuständen und Durchblutungsstörungen eingesetzt. Weiterhin ist es ein Stimulans der Baucheingeweide (Leber, Darm, Magen usw.).

Ergänzungsmittel Nr. 18 – Calcium sulfuratum

Dieses Ergänzungsmittel ist noch weitgehend unerforscht. Seine Haupteinsatzgebiete sind Erschöpfungszustände mit Gewichtsverlust trotz Heißhungers.

Ergänzungsmittel Nr. 19 – Cuprum arsenicosum

Cuprum arsenicosum hat sich bei Ischias, Muskelkrämpfen, Muskelkater, Neuralgien und Epilepsie bewährt. Weitere Einsatzgebiete sind Magen-Darm-Katarrhe sowie Nierenleiden.

Ergänzungsmittel Nr. 20 – Kalium-Aluminium sulfuricum

Die Hauptwirkungsbereiche sind Blähungen und Koliken der Verdauungsorgane, Schwindelgefühle und Nervenstörungen.

Ergänzungsmittel Nr. 21 – Zincum chloratum

Der Hauptwirkungsbereich umfaßt Gehirn und Rückenmark. Bei Krankheiten, die mit Nerven- oder Hirnstörungen einhergehen, hat sich Zincum chloratum als nützlich erwiesen. Auch bei Zuckerkrankheit wurden teilweise gute Erfolge erzielt.

Ergänzungsmittel Nr. 22 – Calcium carbonicum

Mit Erfolg wird dieses Mittel bei chronischen Schleimhautkatarrhen der Luftwege, Augen und Ohren angewandt; weiterhin bei frühzeitigem Altern sowie bei Lymphdrüsenschwellungen. Die folgenden Beschwerden werden ebenfalls günstig beeinflußt:
Vergeßlichkeit, wunde Nasenlöcher, Erkältung bei jedem Wetterwechsel, saurer Mundgeschmack, Mandelschwellung, Heißhunger auf ungenießbare Dinge wie Kalk, Kohle, Bleistifte usw., Aufstoßen mit saurem Geschmack, Gallenkoliken, vermehrte Libido, aber vorzeitiger Samenerguß beim Mann, Menstruation zu früh, zu reichlich, zu lange anhaltend, Kopfschmerzen nach der Menstruation, Erstickungsanfälle, Brennen und Wundsein in der Brust, besonders nach Treppensteigen, Nacken steif und unbeweglich; Verschlimmerung durch Kälte, Wasser, Feuchtigkeit, bei Vollmond und im Stehen; Besserung bei Trockenheit, Liegen auf der schmerzhaften Seite, Niesen.

Ergänzungsmittel Nr. 23 – Natrium bicarbonicum

Dieses Salz regt die Bauchspeicheldrüse und den Stoffwechsel an, außerdem aktiviert es die Ausscheidung von Harnsäure.

Ergänzungsmittel Nr. 24 – Arsenum jodatum

Haupteinsatzgebiete sind die Haut (nässende Ekzeme, Pubertätsakne), Lunge (Asthma) und obere Luftwege (Heuschnupfen).

Wirkungsbereiche der biochemischen Funktionsmittel

Funktionsmittel Nr. 1 Calcium fluoratum

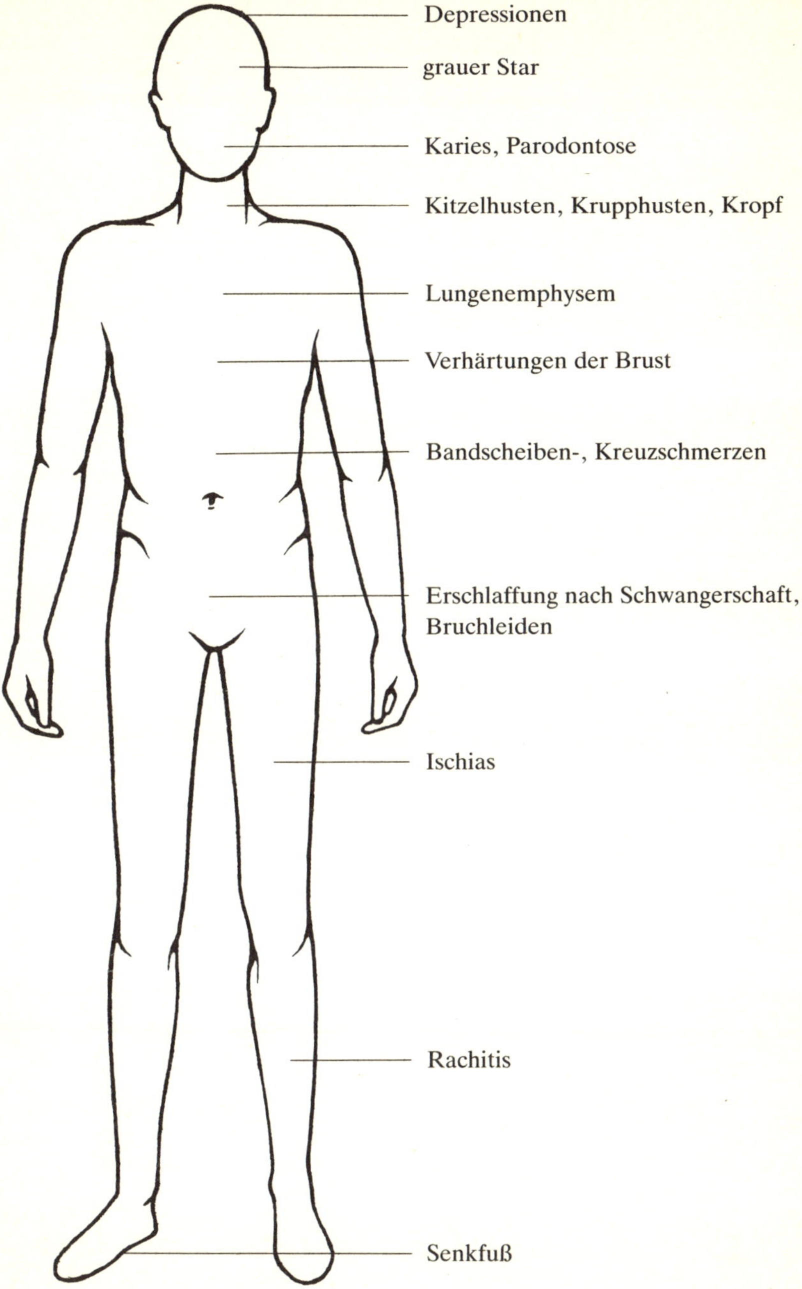

Wirkungsbereiche der biochemischen Funktionsmittel

Funktionsmittel Nr. 2 Calcium phosphoricum

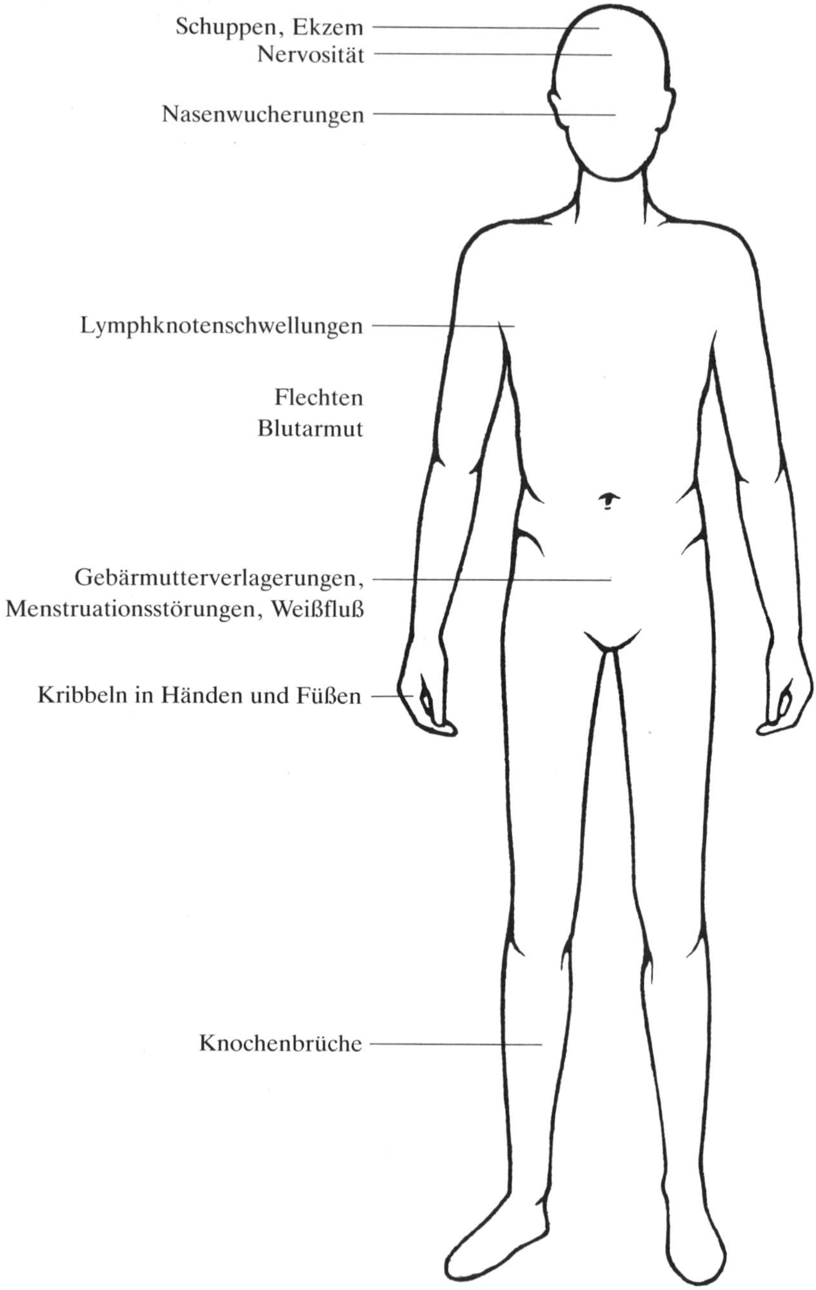

Wirkungsbereiche der biochemischen Funktionsmittel

Funktionsmittel Nr. 3 Ferrum phosphoricum

Entzündungen aller Art

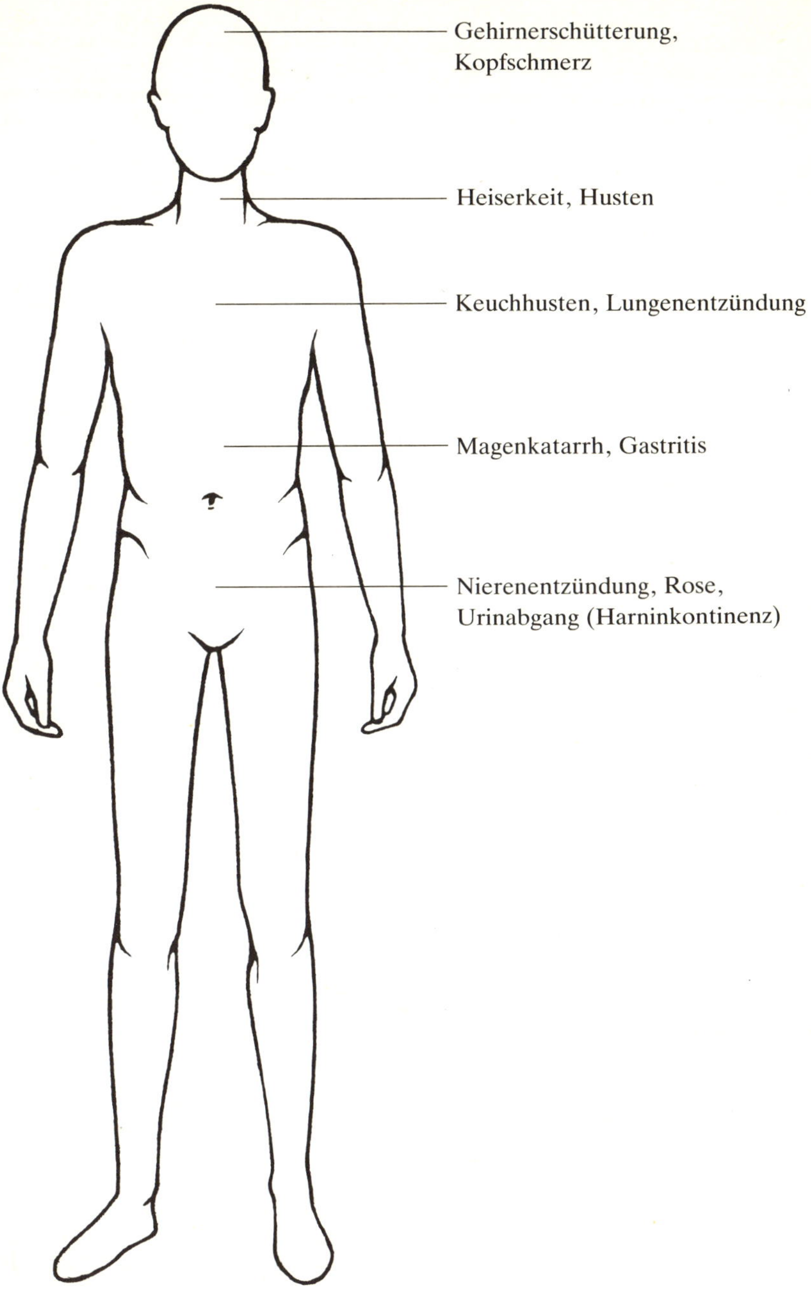

Wirkungsbereiche der biochemischen Funktionsmittel

Funktionsmittel Nr. 4 Kalium chloratum

Warzen und Windpocken

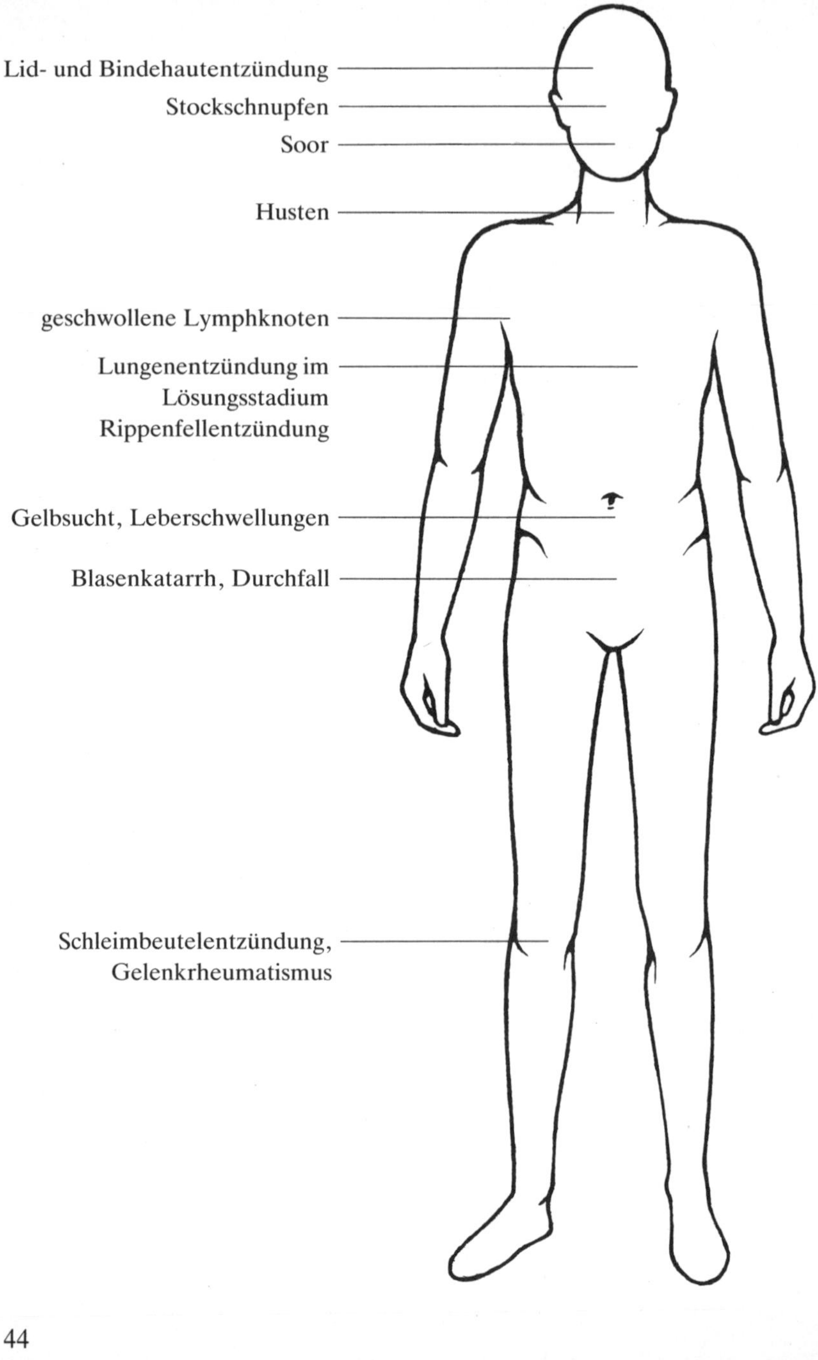

Wirkungsbereiche der biochemischen Funktionsmittel

Funktionsmittel Nr. 5 Kalium phosphoricum

Alle nervös bedingten Störungen

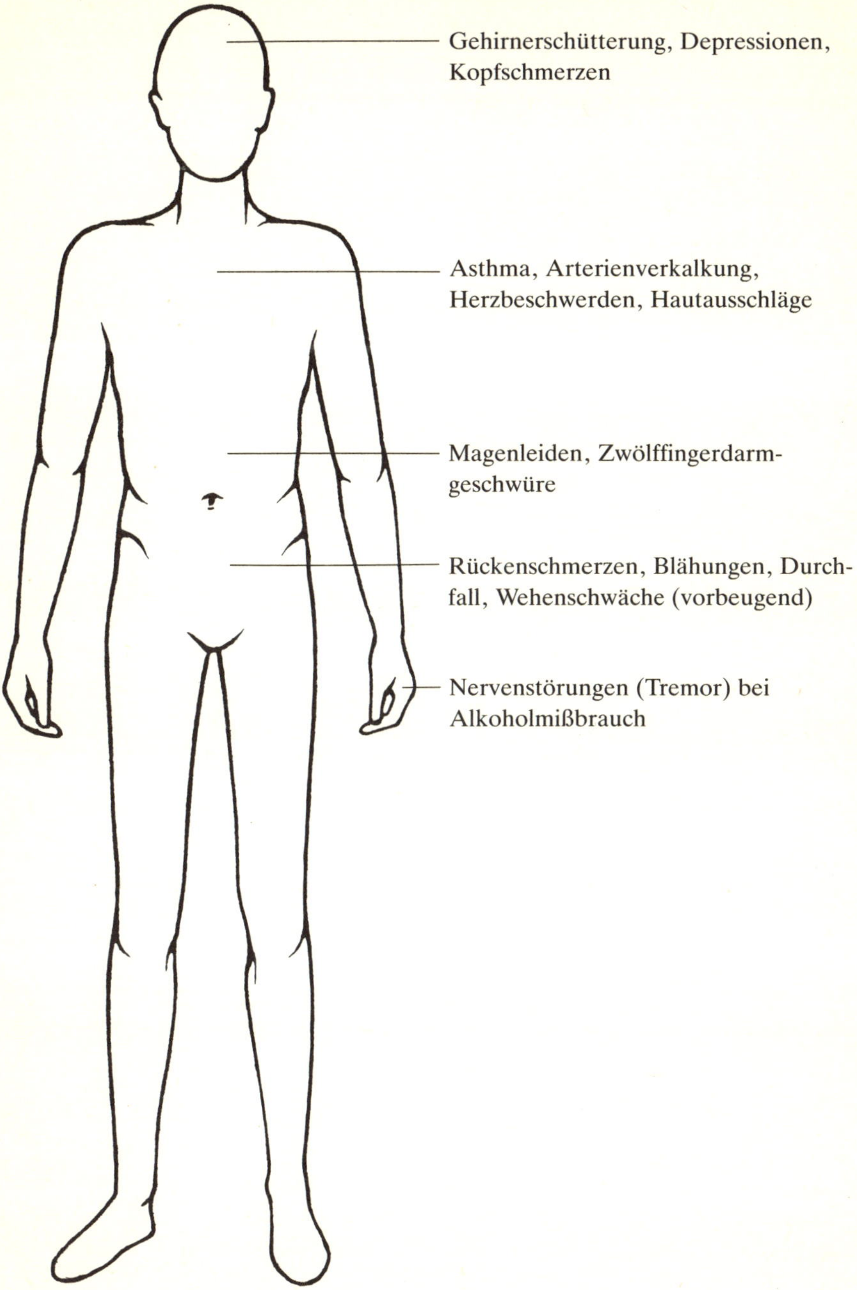

Wirkungsbereiche der biochemischen Funktionsmittel

Funktionsmittel Nr. 6 Kalium sulfuricum

Gliederschmerzen

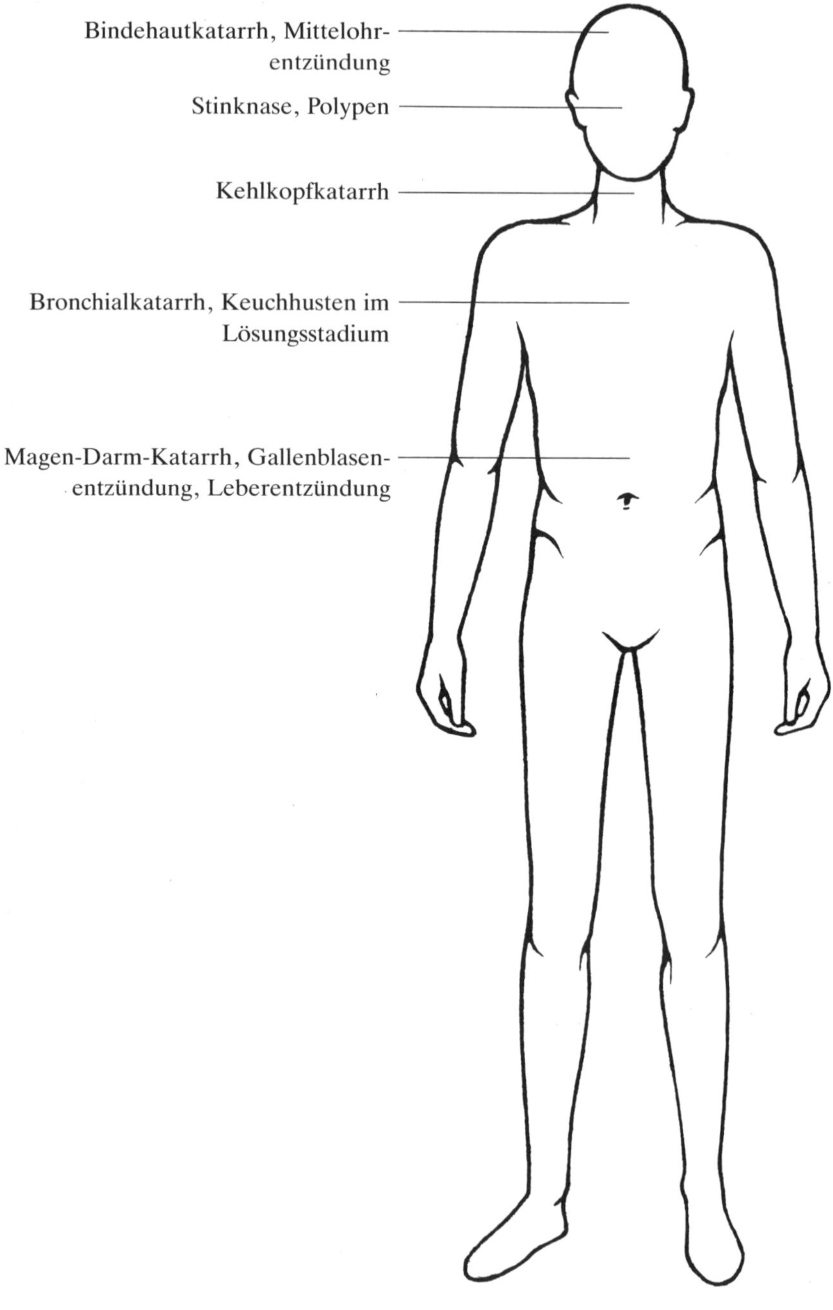

Wirkungsbereiche der biochemischen Funktionsmittel

Funktionsmittel Nr. 7 Magnesium phosphoricum

Krämpfe aller Art

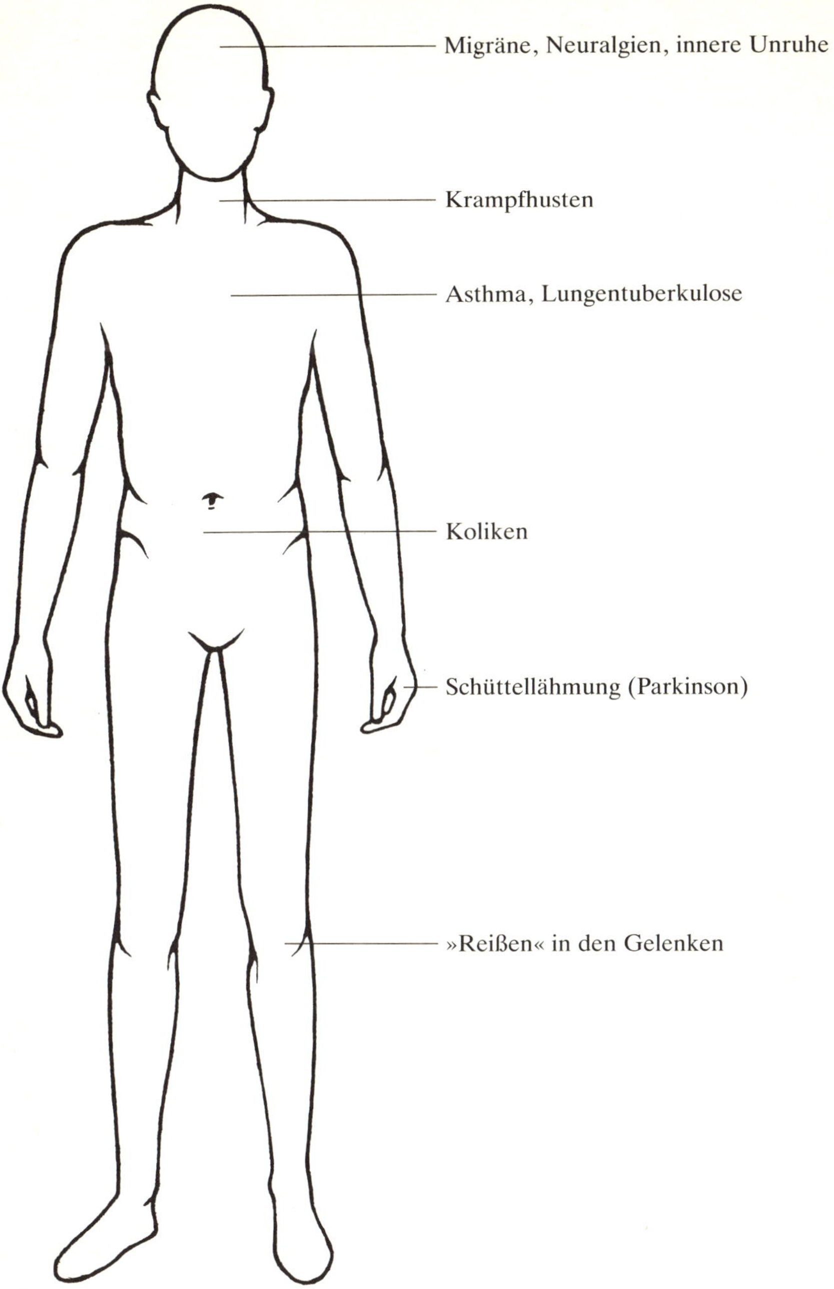

Wirkungsbereiche der biochemischen Funktionsmittel

Funktionsmittel Nr. 8 Natrium chloratum

Rheumatismus, Kribbeln und Taubheitsgefühl

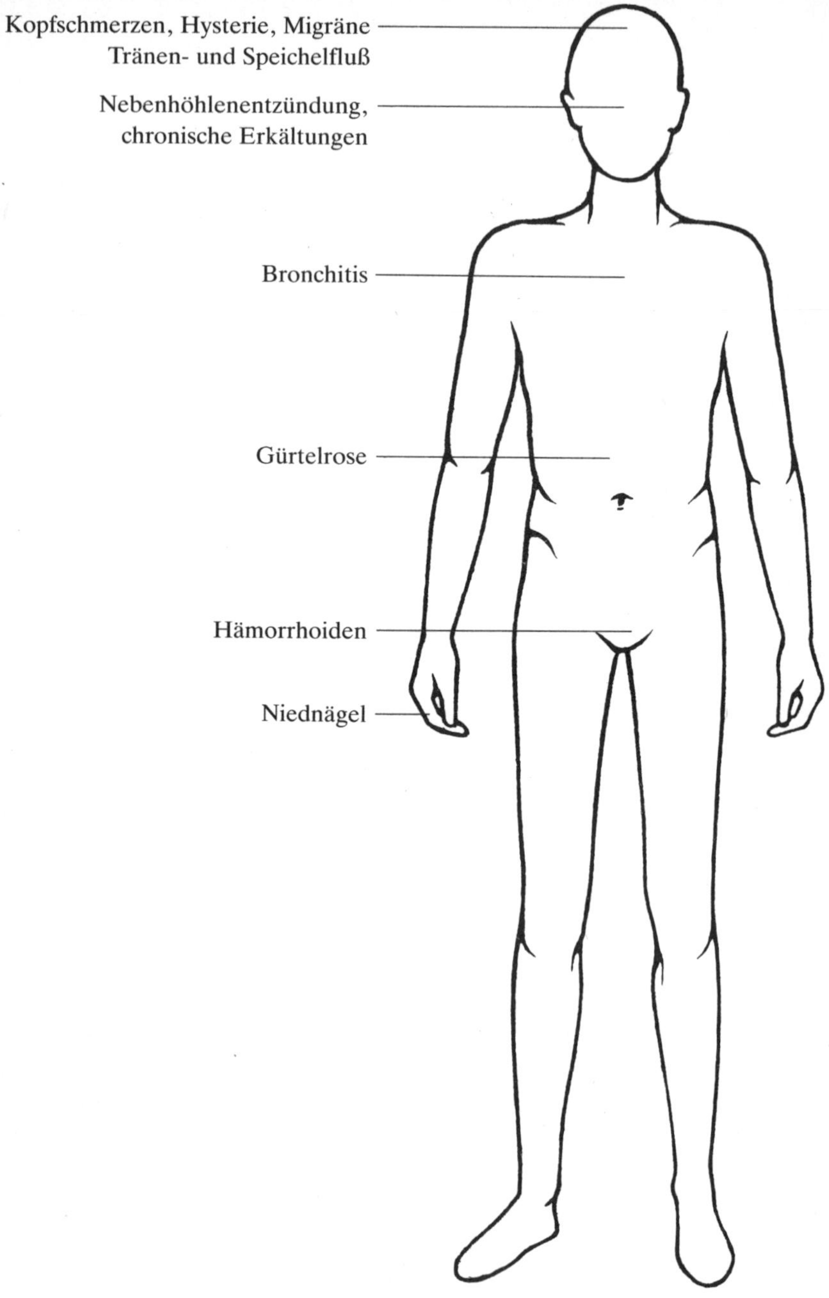

Wirkungsbereiche der biochemischen Funktionsmittel

Funktionsmittel Nr. 9 Natrium phosphoricum

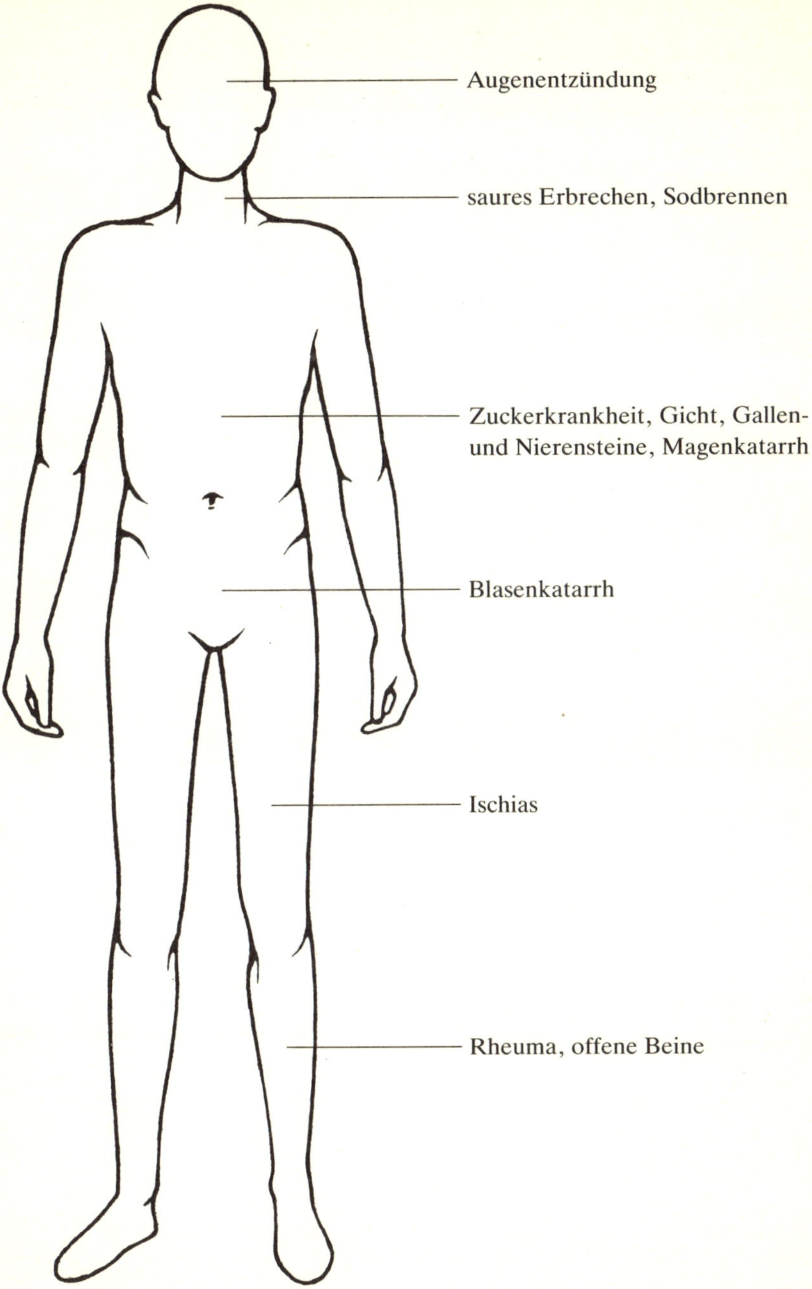

Wirkungsbereiche der biochemischen Funktionsmittel

Funktionsmittel Nr. 10 Natrium sulfuricum

Langwierige grippale Infekte, die sich nicht auskurieren lassen, erhöhter Harnsäurespiegel, Gicht, Rheuma, »Reißen«

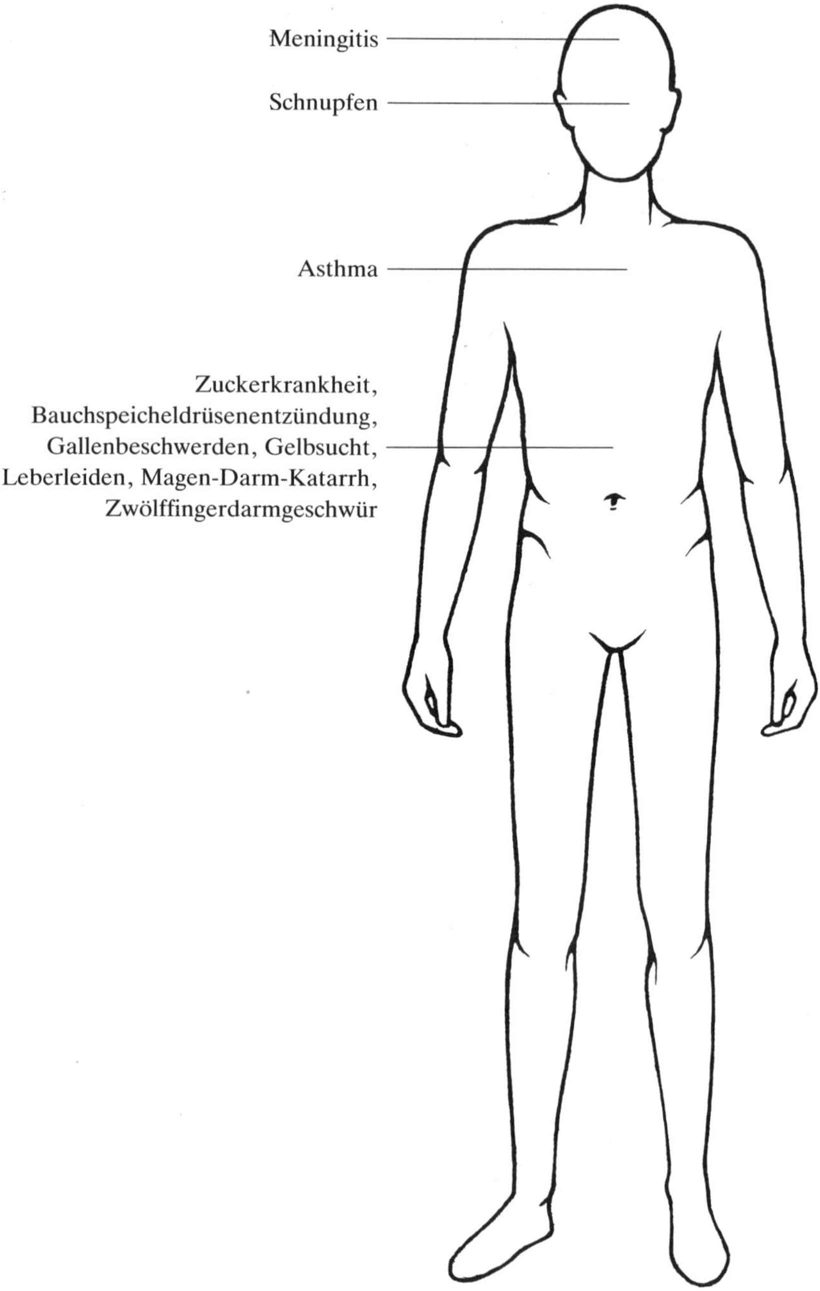

Wirkungsbereiche der biochemischen Funktionsmittel

Funktionsmittel Nr. 11 Silicea

Erkältungsneigung, Eiterungen, Zittern

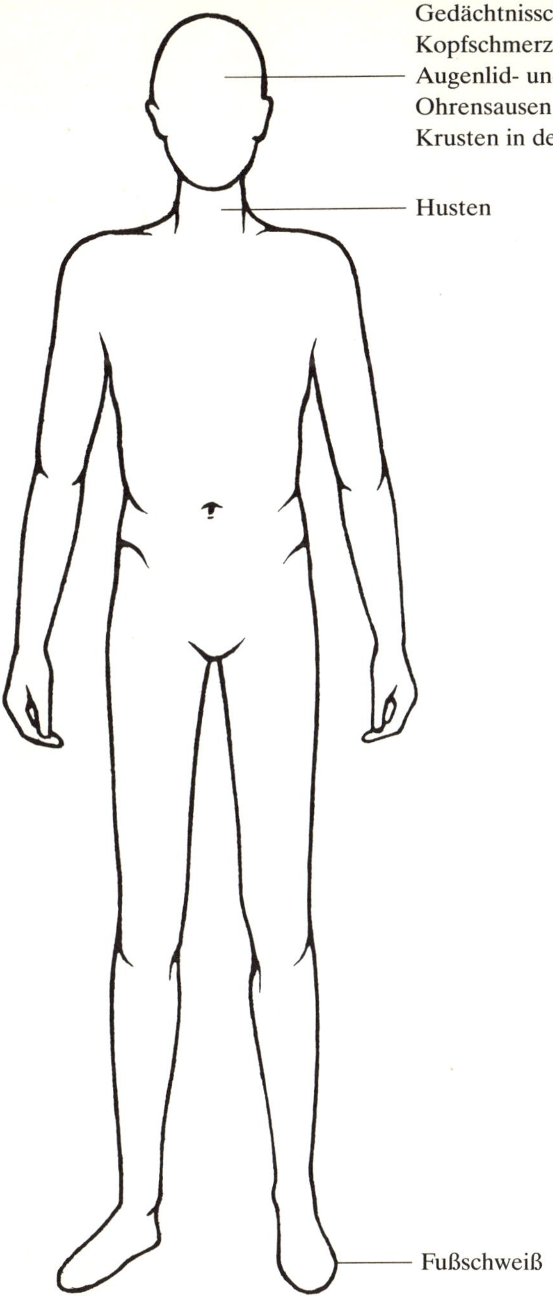

Wirkungsbereiche der biochemischen Funktionsmittel

Funktionsmittel Nr. 12 Calcium sulfuricum

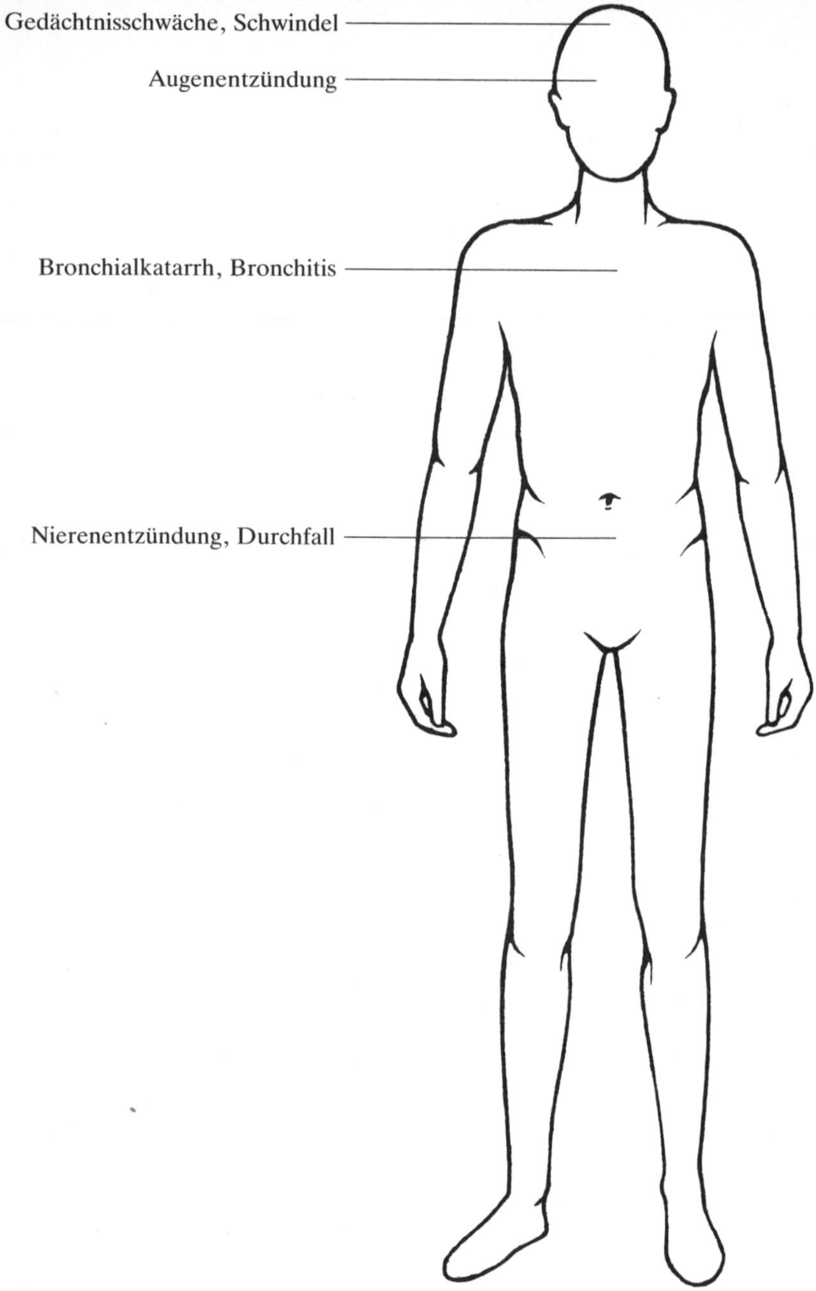

Lexikon der Krankheiten und Behandlungsvorschläge

Dieses Lexikon stellt die häufigsten Krankheiten dar, die mit den biochemischen Salzen behandelt werden können. Wo die Behandlung durch einen Arzt geboten ist, wird unter dem jeweiligen Stichwort darauf hingewiesen.

Man sucht unter dem Stichwort der Krankheit die individuellen Symptome und nimmt das Mittel in der jeweils genannten Potenz. Werden keine anderen Angaben gemacht, so ist immer eine Tablette zur angegebenen Zeit einzunehmen. Sind mehrere Symptome aufgeführt, z. B. unter dem Stichwort »Angst«: *»Bei Depressionen, Schlaflosigkeit, Erschöpfung: Nr. 5 Kalium phosphoricum D12, dreimal täglich«,* dann ist gemeint, daß entweder Depressionen oder Schlaflosigkeit oder Erschöpfung auf den Einsatz von Nr. 5 Kalium phosphoricum verweisen, es müssen nicht alle genannten Symptome gleichzeitig auftreten.

Um dem Benutzer das Auffinden des richtigen Mittels zu erleichtern, wurden die Funktions- und Ergänzungsmittel mit ihren Ordnungsnummern versehen.

Abmagerung: Plötzliche Abmagerung ist ein ernsthaftes Symptom, das durch den Arzt geklärt werden sollte. Wenn keine organische Ursache festzustellen ist, sind folgende Mittel angezeigt:

Bei Abmagerung stillender Mütter: *Nr. 8 Natrium chloratum D6* und *Nr. 2 Calcium phosphoricum D6* im stündlichen Wechsel.

Bei Stoffwechselstörungen: *Nr. 5 Kalium phosphoricum D6* und *Nr. 10 Natrium sulfuricum D6,* alle zwei Stunden im Wechsel.

Ergänzend: *Nr. 16 Lithium chloratum D12, Nr. 18 Calcium sulfuratum D6.*

Absonderungen: Die Art und Farbe der Absonderungen (z. B. bei Schnupfen oder offenen Wunden) ist immer ein Hinweis auf das notwendige Mittel:

hellwäßrig, glasig-schleimig, blasig, dabei scharf, ätzend, teilweise salzig: *Nr. 8 Natrium chloratum D6;*
weiß oder weißgrau, lange Fäden ziehend: *Nr. 4 Kalium chloratum D6;*
weiß, glasig, mild: *Nr. 2 Calcium phosphoricum D6;*
gelb-wäßrig, gelbgrün, grün, eitrig: *Nr. 10 Natrium sulfuricum D6;*
gelb, schleimig, mild: *Nr. 6 Kalium sulfuricum D6;*
eitrig, gelb wie Honig, rahmähnlich: *Nr. 9 Natrium phosphoricum D6;*
eitrig: *Nr. 11 Silicea D12* und *D6;*
eitrig mit Blut, dick, gelbgrün: *Nr. 12 Calcium sulfuricum D6;*
blutig, jauchig stinkend, scharf, ätzend: *Nr. 5 Kalium phosphoricum D6;*
schnell eintrocknend: *Nr. 1 Calcium fluoratum D6.*

Abstillen: *Nr. 10 Natrium sulfuricum D6,* sechsmal täglich, unterstützt das Abstillen, indem der Körper wieder zur Umstellung auf seine normalen Aufgaben angeregt wird.

Abszeß (siehe auch Eiterungen): Abszesse sind Eiteransammlungen in der Haut. Der Eiter bildet sich in einer Höhle im Hautgewebe und beginnt nach einiger Zeit, einen Ausgang zu fressen.

Der Patient kann seine Umgebung und sich selbst mit der Furunkulose anstecken, da der Eiter große Mengen Krankheitserreger enthält! Deshalb ist Sauberkeit oberstes Gebot! Beim Versuch, den Eiter selbst durch Ausdrücken zu entfernen, besteht die Gefahr, daß die Erreger ins Gewebe gedrängt werden und dort schwerste Zerstörungen (Knochenschäden) anrichten; deshalb ist Behandlung durch den Chirurgen unumgänglich, wenn der Abszeß sich nicht von allein öffnet. Folgende Mittel unterstützen den Heilungsprozeß:

Im ersten Entzündungsstadium: *Nr. 3 Ferrum phosphoricum D6,* jede Viertelstunde.

Die Eiterbildung im Anfangsstadium wird unterstützt durch: *Nr. 11 Silicea D6,* sechsmal täglich.

Nr. 11 Silicea D12 kann eine Eiterbildung verhüten und den Entzündungsherd zur Abheilung bringen, wenn der Abszeß noch frisch ist. Wenn er sich geöffnet hat und der Eiter abgeflossen ist, fördert *Nr. 11 Silicea D12* die Heilung.

Lang anhaltende Fisteln, die ständig Absonderungen produzieren: *Nr. 12 Calcium sulfuricum D6,* sechsmal täglich, neben *Nr. 11 Silicea D12,* dreimal täglich.

Bei harten Abszessen, die sich nicht erweichen lassen: *Nr. 1 Calcium fluoratum D6,* sechsmal täglich.

Wenn der Abszeß sich geöffnet hat und der abgesonderte Eiter faulig stinkt: *Nr. 5 Kalium phosphoricum D6,* sechsmal täglich.

Afterjucken: Bei Afterjucken muß in erster Linie an Wurmbefall gedacht werden, aber auch nervöse Überreizung und Hämorrhoiden sind mögliche Ursachen. Zur Unterstützung der Heilung folgende Mittel:

Bei Hämorrhoiden: *Nr. 1 Calcium fluoratum D12* und *Nr. 3 Ferrum phosphoricum D6,* zweistündlich je eine Tablette.

Bei Nachweis von Würmern: *Nr. 9 Natrium phosphoricum D3,* stündlich.

Bei rein nervöser Ursache: *Nr. 7 Magnesium phosphoricum D6,* stündlich.

Zur weiteren Unterstützung kann *Nr. 7 Magnesium phosphoricum D6* in Salbenform eingesetzt werden.

Afterrisse: *Nr. 1 Calcium fluoratum D6* und *Nr. 11 Silicea D6,* dreimal täglich. Beide Präparate können zusätzlich auch als Salbe eingesetzt werden.

Das Leiden entsteht meist durch zu harten Stuhl, deshalb sollte die Nahrung durch Ballaststoffe angereichert werden. Ideal ist Rohkost oder Müsli. Zusätzlich ist reichliche Flüssigkeitszufuhr erforderlich, damit sich die Faserstoffe in der Nahrung und im Darm ausdehnen können. Auf Weißmehlprodukte sollte weitgehend verzichtet werden.

Akne: Die möglichen Ursachen für Akne sind so vielfältig, daß sie unbedingt vom Arzt abgeklärt werden sollten. Es können ebenso bakterielle Infektionen wie hormonelle Umstellungen sein, Störungen im Magen-Darm-Bereich oder Allergien. Wenn die Ursache abgeklärt ist, kann man die Heilung mit den biochemischen Salzen unterstützen. Das Ausdrücken der Pusteln ist nicht ratsam. Einerseits kann dabei der Eiter ins Gewebe gedrückt werden, andererseits können entstellende Narben zurückbleiben.

Wir richten uns bei der Wahl des Mittels nach Farbe und Beschaffenheit des Pustelinhalts:

Bei eitrigen Pusteln: *Nr. 11 Silicea D12,* sechsmal täglich.

Ist der Inhalt der Pusteln hell und schmierig: *Nr. 4 Kalium chloratum D6,* sechsmal täglich;

hellwäßrig, glasig-schleimig, dabei scharf, ätzend: *Nr. 8 Natrium chloratum D6;*

weiß, glasig, mild: *Nr. 2 Calcium phosphoricum D6;*

gelb-wäßrig, gelbgrün, grün, eitrig: *Nr. 10 Natrium sulfuricum D6;*

gelb, schleimig, mild: *Nr. 6 Kalium sulfuricum D6;*

eitrig, gelb wie Honig, rahmähnlich: *Nr. 9 Natrium phosphoricum D6;*

eitrig mit Blut, dick, gelbgrün: *Nr. 12 Calcium sulfuricum D6;*

blutig, jauchig stinkend, scharf und ätzend: *Nr. 5 Kalium phosphoricum D6;*

schnell eintrocknend: *Nr. 1 Calcium fluoratum D6.*

Ergänzend bei harten Pusteln: *Nr. 24 Arsenum jodatum D12.*

Angina siehe Rachenkatarrh.

Angina pectoris siehe Herzbeschwerden.

Angst: Obwohl Angstzustände in den Bereich der seelischen Erkrankungen gehören, können wir mit der Biochemie nach Dr. Schüßler helfend eingreifen. Außerdem können Angstzustände, wenn sie andere Krankheiten begleiten, auf das richtige Mittel hinweisen.

Bei Depressionen, Schlaflosigkeit, Erschöpfung: *Nr. 5 Kalium phosphoricum D12,* dreimal täglich.

Wenn Blutandrang zum Kopf die Beschwerden begleitet: *Nr. 3 Ferrum phosphoricum D6,* viertelstündlich.
Wenn krampfartige Beschwerden die Ursache sind: *Nr. 7 Magnesium phosphoricum D6,* viertelstündlich.

Aphthen: Aphthen sind kleine, grauweiße entzündliche Bläschen auf der Mundschleimhaut, die von einem roten Hof umgeben sind. Sie finden sich sowohl auf den Innenseiten der Wangen wie auf dem Zahnfleisch, an der Zunge und am Gaumen. Diese Bläschen platzen schnell auf und hinterlassen dann kleine Wunden, die beim Essen heftige Schmerzen verursachen.
Als erste Hilfe gegen die Entzündung: *Nr. 3 Ferrum phosphoricum D6,* viertelstündlich.
Je nach den Beschwerden kommen als weitere Mittel in Betracht:
Bei Speichelfluß, Geschwüren mit rotem Rand: *Nr. 5 Kalium phosphoricum D6,* stündlich.
Bei weißen Rändern oder weißem Belag, wunder Schleimhaut und hellgrauer Zunge: *Nr. 4 Kalium chloratum D6,* stündlich.
Bläschen in den Mundwinkeln, Zunge nicht belegt: *Nr. 8 Natrium chloratum D6,* stündlich.

Appetitmangel: Manchmal nur ein Hinweis auf unausgeglichene Lebensweise, kann aber ebenso auf banale oder ernsthafte Erkrankungen hinweisen. Bei Infektionskrankheiten sollte man keinen Kranken zur Nahrungsaufnahme überreden (»damit er was zuzusetzen hat«). Hier zeigt sich meist das Bestreben des Körpers, Schlacken abzubauen. Folgende Mittel können versucht werden:
Bei seelisch-nervösen Störungen: *Nr. 5 Kalium phosphoricum D12,* alle drei Stunden.
Bei allgemeiner Schwäche, Blutarmut, Übelkeit, Erbrechen: *Nr. 2 Calcium phosphoricum D6* im Wechsel mit *Nr. 8 Natrium chloratum D6,* jedes Mittel dreimal täglich.
Zuviel Magensäure, Magenschmerzen nach dem Essen, Sodbrennen: *Nr. 9 Natrium phosphoricum D6,* dreimal täglich. Ständig wiederkehrende Magenschmerzen nach dem Essen können auch ein Hinweis auf ein Zwölffingerdarmgeschwür sein!
Weißgrauer Zungenbelag, Heißhunger, Leberschmerzen: *Nr. 4 Kalium chloratum D6,* dreimal täglich.

Arterienverkalkung (Arteriosklerose). Die Arterienverkalkung ist meist ein (zu spätes) Zeichen unvernünftiger Lebensweise. Zuwenig Bewegung und als »Ausgleich« zu viele Genußmittel fordern vom Körper ihren Preis. Aber auch erbliche Veranlagung kann die Ursache sein. Die Aufnahme leichter sportlicher Betätigung und die Einschränkung der Genußgifte wie Rauchen, Kaffee, reichliches Essen usw. können die Beschwerden lindern.

Durch die Ablagerung von Cholesterin und Kalk an den Wänden der Arterien wird die Blutversorgung im Lauf der Zeit immer schlechter. Zur Unterstützung der Heilung können folgende Mittel eingesetzt werden:

Als Dauertherapie verbessert *Nr. 1 Calcium fluoratum D12,* dreimal täglich eingenommen, die Elastizität der Aderwände.

Nr. 11 Silicea D12, dreimal täglich eingenommen, verhindert den fortschreitenden Verlauf.

Wenn krampfartige Herzbeschwerden auftreten: *Nr. 7 Magnesium phosphoricum D6,* sechsmal täglich.

Bei Herzbeklemmungen, Depressionen und Angstzuständen: *Nr. 5 Kalium phosphoricum D12,* eine Tablette pro Tag.

Eventuell zusätzlich: *Nr. 15 Kalium jodatum D12* und *Nr. 23 Natrium bicarbonicum D6.*

Asthma (Bronchial-): Asthma ist ein plötzlich auftretender Anfall von Atemnot. Durch eine Verkrampfung der Bronchien ist der Kranke nicht mehr fähig, die eingeatmete Luft wieder auszuatmen.

Meist sind seelische Störungen die Ursache, aber auch Allergien können Asthmaanfälle auslösen. Besonders bei Allergien kann die Schüßlersche Biochemie den Körper soweit umstimmen, daß die Reaktion auf das reizauslösende Allergen ausbleibt und die Krankheit abklingt.

Wenn ein Anfall droht: *Nr. 5 Kalium phosphoricum D6,* alle fünf Minuten, zusätzlich alle fünf Minuten *Nr. 7 Magnesium phosphoricum D6.*

Bei Auftreten der Atemnot zweistündlich *Nr. 5 Kalium phosphoricum D6,* wenn Nervosität mit der Atemnot einhergeht.

Bei schwer löslichem, weißem Schleim und beim Gefühl, Herz und Lunge würden eingeschnürt: *Nr. 4 Kalium chloratum D6,* bei Anfall alle fünfzehn Minuten eine Tablette, danach *Nr. 5 Kalium phosphoricum D6* oder *Nr. 7 Magnesium phosphoricum D6* alle zwei Stunden.

Bei Atemnot und drohendem Anfall, ausgelöst durch feuchtes Wetter: *Nr. 10 Natrium sulfuricum D6,* stündlich.

Bei Atemnot mit Auswurf kleiner gelblicher Schleimklumpen: *Nr. 1 Calcium fluoratum D6,* eventuell im Wechsel mit *Nr. 11 Silicea D12,* um das erschlaffte Lungengewebe zu kräftigen.

Bei abendlichen und nächtlichen Anfällen hat sich *Nr. 6 Kalium sulfuricum D6* bewährt. Alle fünf Minuten.

In anfallsfreien Zeiten *Nr. 5 Kalium phosphoricum D6* und *Nr. 7 Magnesium phosphoricum D6,* alle zwei Stunden eine Tablette im Wechsel.

Als Ergänzung zu dieser Therapie werden auch mit *Nr. 24 Arsenum jodatum D12, Nr. 13 Kalium arsenicosum D6* und *Nr. 14 Kalium broma-*

tum D6 gute Erfolge erzielt, falls weitere Beschwerden bei dem Kranken den Einsatz eines dieser Mittel als angeraten erscheinen lassen (vgl. dort).

Aufstoßen: Bei saurem Aufstoßen nach dem Genuß fetter Speisen: *Nr. 9 Natrium phosphoricum D6,* sechsmal täglich.

Wenn bitterer Geschmack das Aufstoßen begleitet: *Nr. 10 Natrium sulfuricum D6,* dreimal täglich.

Bei quälenden Leibschmerzen und wenn das Aufstoßen keine Erleichterung bringt: *Nr. 7 Magnesium phosphoricum D6,* sechsmal täglich.

Brennen in der Speiseröhre und saurer Geschmack: *Nr. 2 Calcium phosphoricum D6,* sechsmal täglich.

Saures Aufstoßen und Appetit auf unverdauliche Dinge wie Kreide, Kohle, Bleistifte oder anderes: *Nr. 22 Calcium carbonicum D6,* dreimal täglich.

Augenkrankheiten: Alle unklaren Augenbeschwerden gehören in die Hand des Facharztes, denn selbst eine verschleppte Bindehautentzündung kann schwerste Schäden hinterlassen. Ist die Diagnose vom Arzt gestellt, können wir mit der Biochemie nach Dr. Schüßler die Heilung unterstützen:

Zu den einzelnen Erkrankungen siehe die jeweiligen Stichwörter.

Ausschlag: Grundsätzlich gilt, daß ein Ausschlag nur ein Symptom für eine Krankheit ist und keine Erkrankung. Deshalb muß unbedingt geklärt werden, ob eine Allergie, Infektion o. ä. vorliegt. Meist handelt es sich um eine Allergie.

Wichtig ist, daß ein Ausschlag nicht unterdrückt (nach innen getrieben) wird. Der Zusammenhang zwischen inneren Erkrankungen und Hautbeschwerden wird auch von der Schulmedizin mittlerweile bestätigt. Oft kommt es zu einer Wechselwirkung, wenn ein Ekzem durch Salbenbehandlung unterdrückt wird; so kann z. B. der Patient an Asthma oder Rheuma nach einer solchen »Salbenkur« erkranken.

Gerade bei den allergischen Erscheinungen kann die Biochemie nach Dr. Schüßler Unwahrscheinliches leisten. Ist das Mittel entsprechend den Beschwerden des Patienten korrekt ausgewählt, läßt sich nach einiger Zeit eine grundlegende Umstimmung des Körpers bemerken. Wir richten uns bei der Wahl der in Frage kommenden Mittel nach den Absonderungen:

Trockene Ausschläge:

weiße Schuppen und Krusten: *Nr. 8 Natrium chloratum D6;*
weiße bis gelbliche Krusten: *Nr. 2 Calcium phosphoricum D6;*
mehlartige, weißgraue Schuppen: *Nr. 4 Kalium chloratum D6;*
gelbe bis gelbgrüne Borken: *Nr. 10 Natrium sulfuricum D6;*

honiggelbe Krusten: *Nr. 9 Natrium phosphoricum D6;*
eitrig-gelbe Krusten: *Nr. 11 Silicea D12* und *Nr. 9 Natrium phosphoricum D6* im Wechsel;
klebrige Abschuppungen, darunter Eiter (auch bei Abschuppungen nach Scharlach): *Nr. 6 Kalium sulfuricum D6;*
schmierig und stinkend: *Nr. 5 Kalium phosphoricum D6;*
rissige Hände, Haut juckt bei Zimmerwärme: *Nr. 1 Calcium fluoratum D12.*

Feuchte Ausschläge:
klar, scharf, ätzend: *Nr. 8 Natrium chloratum D6;*
faulig stinkend: *Nr. 5 Kalium phosphoricum D6;*
eitrig: *Nr. 12 Calcium sulfuricum D6* und *Nr. 11 Silicea D12;*
rahmartig, gelb: *Nr. 9 Natrium phosphoricum D6;*
grünlichgelb, wäßrig, manchmal ätzend: *Nr. 10 Natrium sulfuricum D6;*
klar wie Eiweiß, mild: *Nr. 2 Calcium phosphoricum D6;*
wäßrig mit kleinen Klümpchen: *Nr. 4 Kalium chloratum D6.*

Auswurf siehe Absonderungen.

Bandscheibenbeschwerden: Verschlissene Bandscheiben sind zwar durch keine medikamentöse Behandlung zu erneuern, jedoch kann bei Beginn der Erkrankung oder bei familiär gehäuft auftretenden Wirbelsäulenleiden vorbeugend eine Behandlung mit *Nr. 1 Calcium fluoratum D12* und *Nr. 11 Silicea D12* im täglichen Wechsel versucht werden, wobei über längere Zeit hinweg drei Tabletten pro Tag einzunehmen sind.

Zur Unterstützung wird äußerlich Natrium-chloratum-D6-Salbe aufgetragen.

Wiederholt wurde auch von einer Regeneration der Bandscheiben berichtet, wenn über längere Zeit hinweg täglich ein Päckchen in Wasser aufgelöste Backgelatine eingenommen wurde.

Bandwurmbefall: Bei Befall durch den Bandwurm hilft *Nr. 10 Natrium sulfuricum D6,* sechsmal täglich. Bei heftigen Beschwerden mit Krämpfen wird das Mittel stündlich eingenommen, dazu viertelstündlich *Nr. 7 Magnesium phosphoricum D6.*

Bartflechte: Der Arzt unterscheidet hier zwei verschiedene Erkrankungen, je nachdem, ob die Bartflechte durch Pilze oder Bakterien ausgelöst wurde. Biochemisch wird diese Krankheit nach den Absonderungen behandelt (vgl. dort).

Basedowsche Krankheit: Dabei handelt es sich um eine Störung der

Schilddrüse, die unbedingt in ärztliche Behandlung gehört. Zur Unterstützung der Behandlung durch den Arzt können folgende Mittel versucht werden:

Nr. 5 Kalium phosphoricum D6 oder *D12,* zweistündlich, über einen längeren Zeitraum hinweg;

Krämpfe als Begleiterscheinung: *Nr. 7 Magnesium phosphoricum D6,* stündlich;

Schweißneigung an Händen und Füßen: *Nr. 11 Silicea D12,* dreimal täglich;

Blutandrang im Kopf, heftiger Herzschlag: *Nr. 3 Ferrum phosphoricum D6,* sechsmal täglich;

Blutarmut: *Nr. 8 Natrium chloratum D6,* dreimal täglich;

Heißhunger nach Geräuchertem, blasses Gesicht: *Nr. 2 Calcium phosphoricum D6,* dreimal täglich.

Zusätzlich kommt wegen seines Jodgehaltes *Nr. 15 Kalium jodatum D6,* dreimal täglich, im Betracht.

Bechterewsche Krankheit siehe Rheumatismus.

Beingeschwüre (offenes Bein): Beim sogenannten offenen Bein handelt es sich meist um die Spätform von Krampfadern, entstanden durch Mangeldurchblutung mit anschließender Verletzung. Der Heilungsprozeß ist langwierig und sehr schwierig. Mit der Behandlung von Krampfadern sollte man frühzeitig beginnen, bevor es zum offenen Bein kommt. Folgende Mittel unterstützen die Heilung:

Bläuliche Umgebung des Geschwürs: *Nr. 10 Natrium sulfuricum D6,* dreimal täglich.

Wäßrig-ätzende Absonderungen: *Nr. 8 Natrium chloratum D6,* dreimal täglich.

Weitere Behandlung entsprechend den Absonderungen und Modalitäten (vgl. dort).

Beinkrämpfe siehe Wadenkrämpfe.

Bettnässen: Bei Kindern meist ein Zeichen seelischer Störungen, die eventuell in die Hand eines Psychotherapeuten gehören. Es kann jedoch auch ein Zeichen für Blasen- oder Nierenleiden sein.

Sind die Ursachen geklärt, kann die Biochemie mit folgenden Mitteln helfen:

Wenn die Ursache eine Erkältung ist: *Nr. 3 Ferrum phosphoricum D6,* sechsmal täglich, im Wechsel mit *Nr. 10 Natrium sulfuricum D6,* sechsmal täglich.

Bei nervöser Unruhe: *Nr. 10 Natrium sulfuricum D6* im Wechsel mit *Nr. 5 Kalium phosphoricum D12,* beide sechsmal täglich.
Bei Prostatavergrößerung: *Nr. 1 Calcium fluoratum D12* im Wechsel mit *Nr. 2 Calcium phosphoricum D6,* beide dreimal täglich.
Bei Wurmbefall: *Nr. 10 Natrium sulfuricum D6* im Wechsel mit *Nr. 9 Natrium phosphoricum D6,* jedes Mittel dreimal täglich.
Bei Blasenreizung: *Nr. 5 Kalium phosphoricum D6* und *Nr. 10 Natrium sulfuricum D6,* je dreimal täglich im Wechsel.

Bindehautentzündung: Das Weiße des Auges ist gerötet, morgens sind die Augen meist durch Schleim verklebt (siehe Absonderungen).
Im ersten Stadium *Nr. 3 Ferrum phosphoricum D6,* viertelstündlich, später wechselnd mit *Nr. 4 Kalium chloratum D6,* wenn dicker weißer Schleim abgesondert wird.
Bei gelbem Schleim wird stündlich *Nr. 6 Kalium sulfuricum D6* eingenommen.
Bei reichlicher wäßriger Tränenabsonderung und Lichtscheu ist *Nr. 8 Natrium chloratum D6* angezeigt, stündlich einzunehmen.
Bei rahmartigem gelbem Eiter wird *Nr. 11 Silicea D12* mit *Nr. 9 Natrium phosphoricum D6* kombiniert, stündlich eine Tablette im Wechsel.
Bei juckenden Lidern ist *Nr. 10 Natrium sulfuricum D6* einzunehmen, besonders wenn gelblichgrüner Eiter die Beschwerden begleitet.
Langanhaltende gelbe Eiterungen: *Nr. 11 Silicea D12,* dreimal täglich.

Blähungen: Bei ständiger Neigung zu Blähungen sollten Hülsenfrüchte und andere schwerverdauliche Speisen vom Speiseplan gestrichen oder zumindest reduziert werden. Falls damit keine Besserung erzielt wird, muß die Ursache vom Arzt geklärt werden.
Im akuten Fall helfen bei:
Blähungskoliken: *Nr. 7 Magnesium phosphoricum D6* als »Heiße Sieben«;
bei »normalen« Blähungen: *Nr. 10 Natrium sulfuricum D6* und *Nr. 1 Calcium fluoratum D6,* je sechsmal täglich im Wechsel;
ergänzend: *Nr. 16 Lithium chloratum D6.*

Bläschenausschlag: Bei wasserhellem Bläscheninhalt: *Nr. 8 Natrium chloratum D6,* sechsmal täglich;
bei gelblichem Inhalt: *Nr. 10 Natrium sulfuricum D6,* sechsmal täglich;
bei eitrigem, dickem Inhalt: *Nr. 11 Silicea D12,* dreimal täglich;
bei hell-blutigem Inhalt: *Nr. 5 Kalium phosphoricum D6,* stündlich;
weißer oder weißgrauer Inhalt: *Nr. 4 Kalium chloratum D6,* sechsmal täglich;

weißer, glasiger, milder Inhalt: *Nr. 2 Calcium phosphoricum D6,* sechsmal täglich;
gelb-schleimiger, milder Inhalt: *Nr. 6 Kalium sulfuricum D6,* dreimal täglich;
Inhalt ist eitrig, gelb wie Honig, rahmähnlich: *Nr. 9 Natrium phosphoricum D6,* sechsmal täglich;
Inhalt ist eitrig, mit Blut vermischt, dick, gelbgrün: *Nr. 12 Calcium sulfuricum D6,* sechsmal täglich;
wenn der Inhalt schnell eintrocknet: *Nr. 1 Calcium fluoratum D6,* dreimal täglich.

Blasenkatarrh: Beim Verdacht auf Blasenkatarrh ist eine gründliche Diagnose durch den Arzt erforderlich! Meist handelt es sich um eine Infektion nach einer Erkältung. Erste Anzeichen sind häufiger Harndrang und Brennen beim Wasserlassen. Meist ist der Urin trüb. Bei rechtzeitiger Behandlung wird ein Blasenkatarrh schnell und komplikationslos ausheilen. Wenn die Behandlung verschleppt wird, drohen lang anhaltende Beschwerden. Wir können die ärztliche Behandlung mit folgenden Mitteln unterstützen:
Im ersten Stadium: *Nr. 3 Ferrum phosphoricum D6,* viertelstündlich;
im zweiten Stadium und falls die Beschwerden chronisch sind: *Nr. 4 Kalium chloratum D6,* evtl. im Wechsel mit Nr. 11 Silicea D12, zweistündlich;
bei Krämpfen der Blasenmuskulatur hat sich *Nr. 7 Magnesium phosphoricum D6* bewährt, viertelstündlich oder als »Heiße Sieben«.
Ergänzend kann *Nr. 16 Lithium chloratum D12* versucht werden.

Bleichsucht siehe Blutarmut.

Blinddarmreizung: Jeder Verdacht auf Blinddarmentzündung gehört unverzüglich in die Hände des Arztes! Bis zu dessen Eintreffen können wir mit *Nr. 3 Ferrum phosphoricum D6,* viertelstündlich, im Wechsel mit *Nr. 4 Kalium chloratum D6,* stündlich, helfend eingreifen.

Blutandrang im Kopf: Als Begleiterscheinung einer Erkrankung oder als Einzelsymptom: *Nr. 3 Ferrum phosphoricum D6,* stündlich;
bei Beschwerden in den Wechseljahren: *Nr. 5 Kalium phosphoricum D6,* alle zwei Stunden, im Wechsel mit *Nr. 7 Magnesium phosphoricum D6,* stündlich.

Blutarmut: Sie ist meist ein Zeichen oder eine Folge ernster Erkrankung. Durch die Behandlung der Ursache wird auch die Blutarmut beseitigt.

Nr. 3 Ferrum phosphoricum D3, täglich sechs Tabletten, im Wechsel mit *Nr. 2 Calcium phosphoricum D6,* sechs Tabletten täglich.

Bei Neigung zu kalten Händen und Füßen, Depressionen, Abmagerung kann *Nr. 8 Natrium chloratum D6,* dreimal täglich über lange Zeit hinweg eingenommen, den Körper umstimmen.

Ergänzend: *Nr. 17 Manganum sulfuricum D12.*

Blutdruck: Der niedrige Blutdruck (Hypotonie) ist zwar lästig, weil der Patient sich ständig müde, abgeschlagen usw. fühlt, aber, wenn nicht Ohnmachtsanfälle das Leiden begleiten, für den Organismus ungefährlich.

Der hohe Blutdruck (Hypertonie) gehört wegen der möglichen Komplikationen zur Behandlung unbedingt in die Hand des Arztes!

Hypotonie: *Nr. 3 Ferrum phosphoricum D12,* sechsmal täglich eine Tablette.

Hypertonie: *Nr. 1 Calcium fluoratum D12,* täglich drei Tabletten, im täglichen Wechsel mit dem Ergänzungsmittel *Nr. 15 Kalium jodatum D6,* sechsmal täglich eine Tablette.

Bluterguß: Bei frischen Blutergüssen hilft *Nr. 3 Ferrum phosphoricum D6,* viertelstündlich.

Wenn der Erguß älter ist: *Nr. 4 Kalium chloratum D6,* zweistündlich.

Bei Neigung zu Verhärtungen: *Nr. 1 Calcium fluoratum D12,* dreimal täglich.

Bluterkrankheit: Eine Heilung dieser Krankheit ist mit der Biochemie nach Dr. Schüßler wohl nicht möglich, aber die Salze können eine Verbesserung der Blutgerinnungsfähigkeit fördern. Empfohlen wird *Nr. 2 Calcium phosphoricum D6* oder *Nr. 1 Calcium fluoratum D12,* langfristig jeweils dreimal täglich.

Blutvergiftung: Beim kleinsten Verdacht muß sofort ärztliche Behandlung eingeleitet werden. Bis dahin und als Begleittherapie ist viertelstündlich je eine Tablette *Nr. 5 Kalium phosphoricum D6* einzunehmen.

Brandwunden: Brandblasen dürfen auf keinen Fall aufgestochen werden! Natrium-chloratum-D6-Tabletten zerdrücken und auf die Wunde legen, mit einem sterilen Mullverband abdecken. Zur Vermeidung einer Entzündung wird viertelstündlich *Nr. 3 Ferrum phosphoricum D6* eingenommen.

Eitrige Brandblasen gehören in die Hände des Arztes.

Unterstützend wirkt *Nr. 5 Kalium phosphoricum D6,* stündlich eine Tablette.

Brechdurchfall: Bei Säuglingen und Kleinkindern kann Brechdurchfall innerhalb weniger Stunden zum Tode führen! Deshalb sofort zum Arzt!

Hauptmittel bei Brechdurchfall ist *Nr. 10 Natrium sulfuricum D6,* viertelstündlich.

Koliken, die mit Brechdurchfall einhergehen, werden mit *Nr. 7 Magnesium phosphoricum D6,* viertelstündlich eine Tablette, behandelt.

Bei gleichzeitigem Fieber: *Nr. 3 Ferrum phosphoricum D6,* viertelstündlich.

Bronchitis, Bronchialkatarrh: Bei der Behandlung richtet man sich hauptsächlich nach Farbe und Beschaffenheit des Auswurfs.

Als erstes Mittel bei Husten: *Nr. 3 Ferrum phosphoricum D6,* viertelstündlich, wenn der Husten trocken ist und kitzelt.

Wenn Schweiß auftritt, zusätzlich *Nr. 4 Kalium chloratum D6,* stündlich einzunehmen.

Bei krampfigem Husten: *Nr. 7 Magnesium phosphoricum D6* alle fünf Minuten.

Bellender Husten: *Nr. 1 Calcium fluoratum D12,* stündlich eine Tablette.

Bei chronischem Verlauf hat sich *Nr. 17 Manganum sulfuricum D12,* alle drei Stunden eine Tablette, bewährt.

Festsitzender Husten, der sich nicht lösen will: *Nr. 15 Kalium jodatum D6,* dreimal täglich.

Brustdrüsenentzündung stillender Mütter: Bei den ersten Anzeichen einer Entzündung: *Nr. 3 Ferrum phosphoricum D6* im viertelstündlichen Wechsel mit *Nr. 9 Natrium phosphoricum D6.*

Bei Eiterung: *Nr. 11 Silicea D12,* sechsmal täglich.

Bei Fieber: *Nr. 5 Kalium phosphoricum D6,* stündlich.

Harte Eiterherde in der Brust erweicht *Nr. 1 Calcium fluoratum D12,* sechsmal täglich.

Äußerlich: *Natrium-phosphoricum-D6*-Salbe.

Brustfellentzündung siehe Rippenfellentzündung.

Darmkatarrh: Eine Infektion, die meist im Spätsommer auftritt. Normalerweise sind Darmkatarrhe harmlos. Durchfälle (siehe dort) als Begleiterscheinung bei Erkrankungen sind ein »Ventil« des Körpers, mit dessen Hilfe er Krankheitserreger ausscheidet. Peinlichste Sauberkeit sollte oberstes Gebot sein. Zum Ausgleich des Flüssigkeitsverlustes ist Mineralwasser oder schwarzer Tee geeignet. Bei den ersten Anzeichen: *Nr. 3 Ferrum phosphoricum D6,* viertelstündlich.

Stinkender, dünner Durchfall: *Nr. 5 Kalium phosphoricum D6,* halbstündlich.
Wundmachender, wäßriger Stuhl: *Nr. 8 Natrium chloratum D6,* halbstündlich.
Als Begleiterscheinung Schmerzen im Bereich der Leber: *Nr. 10 Natrium sulfuricum D6,* halbstündlich.
Bei gleichzeitigen Koliken: *Nr. 7 Magnesium phosphoricum D6,* alle fünf Minuten.

Darmträgheit siehe Verstopfung.

Depressionen: Bei ständig wiederkehrenden Depressionen sollte ein Neurologe zu Rate gezogen werden.

Wenn die Depressionen als Begleiterscheinung anderer Erkrankungen auftreten, werden folgende Mittel empfohlen:

Bei Gedächtnisschwäche, Niedergeschlagenheit, Ängstlichkeit, Weinerlichkeit usw. kann *Nr. 5 Kalium phosphoricum D6,* stündlich eine Tablette, helfen.
Bei Verschlimmerung der Beschwerden infolge von tröstendem Zuspruch hilft *Nr. 8 Natrium chloratum D12,* dreimal täglich.
Wenn Musik traurig macht: *Nr. 10 Natrium sulfuricum D12,* dreimal täglich.
Eventuell zur Ergänzung: *Nr. 16 Lithium chloratum D12.*

Diabetes: Die Spätform des Diabetes ist auch mit biochemischen Mitteln nicht zu heilen; aber wenn eine ererbte Veranlagung besteht, kann bei frühzeitigem Einsatz der Biochemie nach Dr. Schüßler der Körper günstig beeinflußt werden. Früherkennung ist hier die beste Therapie. Am besten bewährte sich schon in der Praxis von Dr. Schüßler *Nr. 10 Natrium sulfuricum D6.*

Bei Mundtrockenheit und Schwäche wird die Einnahme von *Nr. 2 Calcium phosphoricum D6,* dreimal täglich, empfohlen.
Bei Leberzirrhose und/oder Bauchspeicheldrüsenverhärtung hilft *Nr. 1 Calcium fluoratum D12,* dreimal täglich, im täglichen Wechsel mit *Nr. 11 Silicea D12,* dreimal täglich.
Obstähnlicher Mundgeruch legt die halbstündliche Einnahme von *Nr. 9 Natrium phosphoricum D6* nahe; dies gilt ebenfalls bei starkem Durst und Hunger.
Schwäche, Schlaflosigkeit, Abmagerung: dreimal täglich *Nr. 5 Kalium phosphoricum D6.*
Bei gleichzeitigem Juckreiz: viertelstündlich *Nr. 7 Magnesium phosphoricum D6.*

Neigung zu Ausschlag, allgemeine Schwäche: stündlich *Nr. 8 Natrium chloratum D6.*

Diphterie: Die Diphterie hat im ersten Stadium sehr viel Ähnlichkeit mit einer Angina, unterscheidet sich aber dadurch, daß meist nur eine Seite des Halses betroffen ist. Sie ist nicht nur eine Kinderkrankheit! Deshalb ist es ratsam, auch eine »einfache« Angina zur Klärung dem Arzt vorzuführen. Ist die ärztliche Behandlung eingeleitet, können folgende Mittel die Heilung beschleunigen:

Starke Schwellung und weißer Belag: *Nr. 2 Calcium phosphoricum D6* und *Nr. 6 Kalium sulfuricum D6,* alle fünf Minuten abwechselnd eine Tablette.

Steigendes Fieber: Alle fünf Minuten die folgenden Mittel abwechselnd einnehmen: *Nr. 2 Calcium phosphoricum D6, Nr. 4 Kalium chloratum D6, Nr. 5 Kalium phosphoricum D6.*

Gelber, rahmiger Belag: *Nr. 9 Natrium phosphoricum D6,* viertelstündlich.

Speichelfluß und wäßriges Erbrechen: *Nr. 8 Natrium chloratum D6,* stündlich.

Durchfall: Wäßrige Stuhlentleerung in kurzen Abständen weist unter Umständen auf eine Erkrankung der Verdauungsorgane hin, kann aber mitunter auch ein »Ventil« des Körpers sein, der so eventuell vorhandene Krankheitserreger ausscheidet. Vorsicht mit »stopfenden« Medikamenten wie Kohletabletten! Diese setzen die natürliche Aktivität des Darms herab; dadurch wird dem Körper die Möglichkeit der Giftstoffausscheidung genommen. Durchfälle aus ungeklärter Ursache, besonders wenn sie länger als einen Tag dauern, sollten ärztlich behandelt werden.

Schleimig-blutiger, heller Stuhlgang: *Nr. 3 Ferrum phosphoricum D6* im viertelstündlichen Wechsel mit *Nr. 4 Kalium chloratum D6.*

Erfolgloser Stuhldrang mit Koliken, Brennschmerz im Darm, faulig riechendem Durchfall: halbstündlich *Nr. 5 Kalium phoshoricum D6.*

Wasserartiger Stuhl, Kolikschmerzen, die durch Wärme und Zusammenkrümmen gebessert werden: *Nr. 7 Magnesium phosphoricum D6,* viertelstündlich.

Wundmachender, wäßrig-schleimiger, unhaltbarer Durchfall (eventuell auch mit Verstopfung wechselnd): *Nr. 8 Natrium chloratum D6,* viertelstündlich.

Sauer riechender Stuhl, gelber Zungenbelag: *Nr. 9 Natrium phosphoricum D6,* halbstündlich.

Chronischer Durchfall, der morgens aus dem Bett treibt und sich bei feuchtem Wetter verschlimmert: halbstündlich *Nr. 10 Natrium sulfuricum D6.*

Eitriger Durchfall: *Nr. 11 Silicea D12,* dreimal täglich.
Ergänzend: *Nr. 19 Cuprum arsenicosum D6.*

Eiterungen (siehe Absonderungen): Bei akuten Eiterungen zur Unterstützung: *Nr. 11 Silicea D6,* in akuten Fällen stündlich, in chronischen Fällen dreimal täglich.
Wenn der Eiterherd geöffnet ist: *Nr. 11 Silicea D12,* sechsmal täglich.

Ekzeme siehe Ausschlag.

Emphysem siehe Lungenerweiterung.

Erbrechen: Hier gilt sinngemäß, was auch bei Durchfall zutrifft.
Saures Erbrechen von Speisen, auch während der Schwangerschaft: *Nr. 3 Ferrum phosphoricum D6,* viertelstündlich.
Galliges Erbrechen: *Nr. 10 Natrium sulfuricum D6,* viertelstündlich.
Wäßrig-schleimig: *Nr. 8 Natrium chloratum D6,* viertelstündlich.
Seekrankheit, saures Erbrechen: *Nr. 9 Natrium phosphoricum D6,* viertelstündlich.
Seekrankheit, Krämpfe, Schwangerschaft: *Nr. 7 Magnesium phosphoricum D6,* viertelstündlich.
Nach kalten Getränken und Eis, auch in der Schwangerschaft: *Nr. 2 Calcium phosphoricum D6,* viertelstündlich.

Erfrierungen siehe Frostbeulen.

Erholung nach überstandener Krankheit siehe Rekonvaleszenz.

Erkältung: Die Erkältung ist eine relativ harmlos verlaufende Erkrankung. Bei den ersten Anzeichen sollte vorbeugend alle fünf Minuten *Nr. 3 Ferrum phosphoricum D6* eingenommen werden. Nimmt die Erkrankung dennoch ihren Verlauf, sollte halbstündlich *Nr. 5 Kalium phosphoricum D6* eingenommen werden.
Wenn die Infektion ihren Höhepunkt überschritten hat, sollte zur Stärkung der Abwehrkräfte und zur schnelleren Wiederherstellung *Nr. 4 Kalium chloratum D6,* alle zwei Stunden eine Tablette genommen werden.
Weitere Behandlung je nach Art der Absonderungen:
hellwäßrig, glasig-schleimig, blasig, dabei scharf, ätzend, teilweise salzig: *Nr. 8 Natrium chloratum D6;*
weiß oder weißgrau, lange Fäden ziehend: *Nr. 4 Kalium chloratum D6;*
weiß, glasig, mild: *Nr. 2 Calcium phosphoricum D6;*

gelb-wäßrig, gelbgrün, grün, eitrig: *Nr. 10 Natrium sulfuricum D6;*
gelb, schleimig, mild: *Nr. 6 Kalium sulfuricum D6;*
eitrig, gelb wie Honig, rahmähnlich: *Nr. 9 Natrium phosphoricum D6;*
eitrig: *Nr. 11 Silicea D12* und *D6*;
eitrig mit Blut, dick, gelbgrün: *Nr. 12 Calcium sulfuricum D6;*
blutig, jauchig stinkend, scharf und ätzend: *Nr. 5 Kalium phosphoricum D6;*
schnell eintrocknend: *Nr. 1 Calcium fluoratum D6.*

Erregungszustände: Bei Erregung durch Schreck, Ärger usw. hat sich das Ergänzungsmittel *Nr. 14 Kalium bromatum D6* als hilfreich erwiesen.

Erschöpfung: *Nr. 5 Kalium phosphoricum D6,* stündlich eine Tablette.
Bei innerer Unruhe, Depressionen und Abgespanntheit: *Nr. 7 Magnesium phosphoricum D6,* sechsmal täglich.
Zusätzlich: *Nr. 13 Kalium arsenicosum D12, Nr. 18 Calcium sulfuratum D6.*

Fettsucht: Übermäßige Fettansammlung setzt die Lebenserwartung herab. In den seltensten Fällen liegt eine Stoffwechselstörung vor. Bei seelischen Gründen für die übermäßige Nahrungsaufnahme sollte ein Psychotherapeut zu Rate gezogen werden. Falls es sich bei der zu reichlichen Nahrungsaufnahme um eine »Ersatzbefriedigung« handelt, hat sich das Erlernen und die regelmäßige Ausübung des autogenen Trainings bewährt.
Bei weichen, schwammigen Fettmassen: *Nr. 2 Calcium phosphoricum D6* im stündlichen Wechsel mit *Nr. 8 Natrium chloratum D6,* jeweils sechs Tabletten täglich.
Wenn das Gewicht schwankt, die Fettmassen trotz gleichmäßiger Ernährung zu- und wieder abnehmen, bei Neigung zu Leberschmerzen oder rheumatischen Erkrankungen: *Nr. 9 Natrium phosphoricum,* sechsmal täglich, im täglichen Wechsel mit *Nr. 10 Natrium sulfuricum D6,* ebenfalls sechsmal täglich.
Ergänzend: *Nr. 23 Natrium bicarbonicum D6.*

Fieber: Bei Beginn des Fiebers: *Nr. 3 Ferrum phosphoricum D6,* viertelstündlich, dazu stündlich *Nr. 5 Kalium phosphoricum D6,* wenn die Temperatur über 39 °C steigt.

Fingerentzündung siehe Nagelbettentzündung.

Fingernagelbrüchigkeit: Brüchige und gespaltene Fingernägel werden am besten durch *Nr. 11 Silicea D12* beeinflußt. Doch die Behandlung sollte nicht ungeduldig unterbrochen werden, wenn sich nicht sofort Erfolge zeigen, denn Fingernägel brauchen ein halbes Jahr, um ganz herauszuwachsen, Fußnägel manchmal bis zu einem Jahr.

Fisteln: Fisteln sind Öffnungen im Gewebe, durch die Eiter aus tieferen Entzündungen an die Oberfläche gelangt. Die Ratschläge unter den Stichwörtern Eiterungen und Absonderungen sind auch hierfür zu beachten.

Flechten (Ekzeme) siehe Ausschlag.

Fontanellen, die sich nicht schließen: Wenn die Fontanellen sich beim Säugling nicht schließen wollen, gibt man *Nr. 2 Calcium phosphoricum D6,* dreimal täglich eine zu Pulver zerdrückte Tablette, auf die Zunge.

Frostbeulen: *Nr. 5 Kalium phosphoricum D6* im halbstündigen Wechsel mit *Nr. 10 Natrium sulfuricum D6.*

In Fällen starker Erfrierungen sollte zur Vorbeugung gegen drohende Eiterungen *Nr. 11 Silicea D12* zweistündlich genommen werden.

Äußerlich wird mehrmals täglich *Natrium-sulfuricum-D6*-Salbe aufgetragen.

Frühjahrsmüdigkeit: Die Frühjahrsmüdigkeit ist zwar keine Krankheit, doch sie kann dem Betroffenen das Leben recht schwer machen. Durch die Ansammlung von Schlacken im Blut und in den Gewebezellen, die während des lichtarmen Winters nicht ausgeschieden wurden, wird der Körper zudem anfälliger für Infekte (z. B. der sogenannte Frühjahrsschnupfen).

Als blutreinigende, entgiftende Frühjahrskur kann folgendes Rezept angewandt werden:

Vier Tage lang *Nr. 3 Ferrum phosphoricum D12* im Wechsel mit *Nr. 6 Kalium sulfuricum D6,* jeden Tag von beiden Mitteln sechs Tabletten.

Danach die nächsten vier Tage *Nr. 9 Natrium phosphoricum D6* im Wechsel mit *Nr. 10 Natrium sulfuricum D6,* ebenfalls jeden Tag von jedem Mittel sechs Tabletten.

Danach vier Tage lang *Nr. 2 Calcium phosphoricum D6* im Wechsel mit *Nr. 11 Silicea D12,* ebenfalls von jedem Mittel täglich sechs Tabletten.

Die Kur kann bei Bedarf wiederholt werden.

Furunkel: Es handelt sich hierbei um die eitrige Enzündung eines Haarbalges und der dazugehörigen Talgdrüse. Beim Zusammenschmelzen mehrerer Furunkel spricht man von einem Karbunkel. Es sollte nie versucht werden, den Furunkel auszudrücken, denn der Eiter enthält große Mengen Krankheitserreger, die in den Körper gelangen und dort schwerste Schäden anrichten können. Sollte der Furunkel sich nicht von allein öffnen und den Eiter entleeren, ist chirurgische Behandlung nötig. Der Schnitt des Chirurgen ist auf jeden Fall schmerz- und risikoloser als das Ausdrücken.

Anfangs: *Nr. 3 Ferrum phosphoricum D6,* viertelstündlich.

Nr. 11 Silicea D6, halbstündlich, beschleunigt die Öffnung und die anschließende Heilung der Haut.

Wenn die Heilung auf sich warten läßt: *Nr. 2 Calcium phosphoricum D6,* dreimal täglich.

Bei harten Wundrändern und wenn die Eiterung sich nicht erweichen läßt: *Nr. 1 Calcium fluoratum D12,* dreimal täglich.

Übelriechender Eiter: *Nr. 5 Kalium phosphoricum D6.*

Fußschweiß: Hier hilft *Nr. 11 Silicea D12,* dreimal täglich. Weiteres siehe Schweiß.

Gallenblasenentzündung: Die Gallenblase ist ein Reservoir, in dem die von der Leber produzierte Gallenflüssigkeit gespeichert wird, bis der Darm sie zur Verdauung der Fette benötigt.

Mitunter wandern Bakterien vom Zwölffingerdarm oder einem anderen Krankheitsherd über das Blut in die Gallenblase. Bei einer Entzündung schwellen die Schleimhäute an. Dadurch wird die Durchlässigkeit der Gallengänge behindert.

Die Gallenblasenentzündung ist mitunter auch die Folge von Gallengrieß bzw. -steinen (siehe dort). Ärger, Aufregung, Streß und ungesunde Ernährung begünstigen dieses Leiden. Auf jeden Fall sollte der Arzt gerufen werden, denn es droht eine Vereiterung, bei der die entzündete Gallenblase durchbrechen und Eiter in den Bauchraum entleeren kann.

Hier muß die Behandlung bei den Ursachen ansetzen.

Wichtigste Mittel bei der Entzündung der Gallenblase sind *Nr. 3 Ferrum phosphoricum D6,* im viertelstündlichen Wechsel mit *Nr. 10 Natrium sulfuricum D6.*

Bei steigendem Fieber nimmt man stündlich *Nr. 5 Kalium phosphoricum D6.*

Nach Abklingen des akuten Stadiums stündlich *Nr. 4 Kalium chloratum D6.*

Gallensteine und -grieß: Normalerweise sind die Bestandteile der Gallenflüssigkeit (Gallenfarbstoff, Cholesterin und Gallensäure) gleichmäßig gelöst. Aus verschiedenen Gründen können das Cholesterin oder die Gallenflüssigkeit auskristallisiert werden. Im ersten Fall bildet sich dabei ein Cholesterinstein, der mitunter bis zur Größe eines Eis heranwachsen kann. Wird der Gallenfarbstoff auskristallisiert, entstehen Gallenfarbstoffsteine, die selten mehr als Kirschgröße erreichen, dafür aber meist in größerer Menge anfallen.

Gallensteine und ihre Vorstufe, der Gallengrieß, verhalten sich mitunter jahrelang »ruhig«, ohne Schmerzen zu verursachen, beginnen dann mit einem leichten Ziehen, das oft mit vorübergehenden Magenschmerzen verwechselt wird. Im fortgeschrittenen Stadium können sie sehr heftige Schmerzen verursachen.

Zur Dauerbehandlung in schmerzfreien Zeiten: täglich dreimal *Nr. 10 Natrium sulfuricum D6.* Zusätzlich drei Tage lang jeweils drei Tabletten *Nr. 9 Natrium phosphoricum D6;* nach drei Tagen Einnahme wird eine zweiwöchige Pause eingelegt, während der nur *Nr. 10 Natrium sulfuricum D6* genommen wird.

Bei Gallenkoliken und -krämpfen sollte man stündlich eine »Heiße Sieben« schluckweise trinken. Nach Abklingen der Schmerzen ist drei Tage lang stündlich je eine Tablette *Nr. 3 Ferrum phosphoricum D6,* einzunehmen, um eine Entzündung der Gallenblase zu verhüten.

Gastritis (Magenschleimhautentzündung): Die Magenschleimhautentzündung sollte nicht auf die leichte Schulter genommen werden. Oft entwickelt sich aus einer verschleppten Gastritis ein Magengeschwür. Ärztliche Behandlung ist hier dringend notwendig!

Entsteht Gastritis aufgrund von Nervosität und einer unruhigen Lebensweise, leisten das Erlernen und die regelmäßige Anwendung des autogenen Trainings gute Hilfe.

Schmerzen nach dem Essen, mitunter begleitet von Fieber, Übelkeit, Erbrechen, Blähungsgefühl nach dem Essen: *Nr. 3 Ferrum phosphoricum D6,* viertelstündlich.

Krampfartige Schmerzen, Übelkeit, Erbrechen und Durchfall, bei Koliken: *Nr. 7 Magnesium phosphoricum D6,* als »Heiße Sieben«.

Übersäuerung, saures Aufstoßen, Sodbrennen: *Nr. 9 Natrium phosphoricum D6,* stündlich.

Chronischer Katarrh, Schmerzen im Bereich der Leber; Verschlimmerung abends, bei Wärme oder in geschlossenen Räumen, Besserung im Freien: *Nr. 6 Kalium sulfuricum D6,* sechsmal täglich.

Gasanhäufung im Magen, Schmerzen nach kalten Getränken und nach der kleinsten Nahrungsmenge: *Nr. 2 Calcium phosphoricum D6,* viermal täglich.

Weiß bis grau belegte Zunge: *Nr. 4 Kalium chloratum D6,* sechsmal täglich.

Speichelansammlung im Mund, Erbrechen von wässrigem Schleim, Verlangen nach Salzigem, Pikantem: *Nr. 8 Natrium chloratum D6,* stündlich.

Bitterer Geschmack, grünbräunlicher Zungenbelag, Völlegefühl im Bauch, Leberschwellung, wäßriger Durchfall morgens: *Nr. 10 Natrium sulfuricum D6,* sechsmal täglich.

Trockene Zunge, Herzbeklemmungen, Hinfälligkeit: *Nr. 5 Kalium phosphoricum D6,* sechsmal täglich.

Zusätzlich bei Appetitlosigkeit: *Nr. 15 Kalium jodatum D6,* dreimal täglich.

Koliken: *Nr. 19 Cuprum arsenicosum D12,* dreimal täglich.

Geburt: Die Geburt kann durch rechtzeitige Einnahme der biochemischen Salze erleichtert werden, da den Organismen von Mutter und Kind hiermit die dringend benötigten Mineralstoffe zugeführt werden.

Vom zweiten Monat der Schwangerschaft an sollten folgende Mittel regelmäßig eingenommen werden: *Nr. 1 Calcium fluoratum D12* und *Nr. 2 Calcium phosphoricum D6,* dreimal im täglichen Wechsel.

Ab Beginn des 9. Monats: dreimal täglich *Nr. 7 Magnesium phosphoricum D6;* bei Beginn der Wehen viertelstündlich.

Sofort nach der Geburt wird durch die stündliche Einnahme von *Nr. 3 Ferrum phosphoricum D6* die Rückbildung der Organe im Mutterleib unterstützt.

Bei Erschlaffung der Gewebe und wenn Neigung zu Senkungen besteht: dreimal täglich *Nr. 1 Calcium fluoratum D12.*

Die Milchbildung wird durch *Nr. 2 Calcium phosphoricum D6* angeregt, sechsmal täglich.

Übermäßige Milchbildung (wenn die Milch von selbst abfließt) wird durch täglich sechs Tabletten *Nr. 10 Natrium sulfuricum D6* gehemmt.

Gedächtnisschwäche: Bewährt hat sich die stündliche Einnahme von *Nr. 5 Kalium phosphoricum D6* im täglichen Wechsel mit *Nr. 1 Calcium fluoratum D12,* dreimal täglich.

Gehirnerschütterung: Bei Anzeichen einer Gehirnerschütterung sollte bis zum Eintreffen des Arztes – falls der Betroffene bei Bewußtsein ist – *Nr. 3 Ferrum phosphoricum D6* im halbstündlichen Wechsel mit *Nr. 5 Kalium phosphoricum D6* gegeben werden.

Bei zurückbleibenden Sehstörungen nach Abklingen der Beschwerden: stündlich *Nr. 7 Magnesium phosphoricum D6.*

Beim Zurückbleiben von Gedächtnisschwäche, Erinnerungslücken usw.: stündlich *Nr. 10 Natrium sulfuricum D6.*

Alle zurückbleibenden Störungen gehören wie die Gehirnerschütterung selbst grundsätzlich in die Hände des Arztes; aber wir können mit den biochemischen Salzen die Ausheilung unterstützen!

Gehirnschlag siehe Schlaganfall.

Gelbsucht: Diese Krankheit gehört immer in ärztliche Behandlung. Wenn die Behandlung eingeleitet ist, kann die Biochemie nach Dr. Schüßler die Heilung mit folgenden Mitteln unterstützen:

Hauptmittel ist *Nr. 10 Natrium sulfuricum D6,* halbstündlich.

Leberentzündung: *Nr. 3 Ferrum phosphoricum D6,* viertelstündlich.

Weißer oder grauer Zungenbelag, heller Stuhl erfordern *Nr. 4 Kalium chloratum D6,* halbstündlich.

Bei salzigem oder saurem Speichel ist die Einnahme von *Nr. 8 Natrium chloratum D6* angeraten, halbstündlich.

Sodbrennen und saurer Stuhl: *Nr. 9 Natrium phosphoricum D6,* halbstündlich.

Bei gleichzeitigem Hautjucken: *Nr. 6 Kalium sulfuricum D6* im Wechsel mit *Nr. 7 Magnesium phosphoricum D6,* halbstündlich wechselnd.

Ist die Gelbsucht Begleiterscheinung einer Lungenentzündung, nimmt man halbstündlich *Nr. 5 Kalium phosphoricum D6* ein.

Gelenkrheumatismus siehe Rheumatismus.

Gersten- und Hagelkörner (siehe auch Abszeß): Eiteransammlungen im Augenlid.

Im ersten Stadium: *Nr. 3 Ferrum phosphoricum D6,* viertelstündlich eine Tablette.

Zum Ausreifen: *Nr. 1 Calcium fluoratum D6* und *Nr. 11 Silicea D6* jede Stunde abwechselnd eine Tablette.

Gesichtsneuralgie siehe Trigeminusneuralgie.

Gesichtsrose siehe Rose.

Gesichtszucken (Tic): *Nr. 9 Natrium phosphoricum D6,* stündlich.

Gicht: Bei der Gicht ist der Harnsäurestoffwechsel gestört: Die Harnsäure wird nicht mit dem Harn ausgeschieden, sondern in den Gelenken abgelagert. Zuerst ist meist das Grundgelenk einer großen Zehe befallen.

Im ersten Stadium eines Anfalls mit Fieber: *Nr. 3 Ferrum phosphoricum D6* im viertelstündlichen Wechsel mit *Nr. 4 Kalium chloratum D6.*

Anfälle ohne Fieber: *Nr. 9 Natrium phosphoricum D6,* viertelstündlich, und zusätzlich *Nr. 11 Silicea D12,* dreimal täglich.

Chronische Fälle und Anfälle bei Wetterwechsel: *Nr. 2 Calcium phosphoricum D6,* dreimal täglich.

Gichtknoten: *Nr. 11 Silicea D12* im täglichen Wechsel mit *Nr. 2 Calclium phosphoricum D6,* je dreimal täglich.
Zusätzlich *Nr. 16 Lithium chloratum D12* oder *Nr. 17 Manganum sulfuricum D12,* dreimal täglich.

Grauer Star siehe Star.

Grippaler Infekt siehe Erkältung.

Grippe: Obwohl die Virusgrippe anders verläuft als der grippale Infekt, ist die Selbsthilfe die gleiche wie bei der Erkältung. Ärztliche Behandlung ist hierbei aber auf jeden Fall dringend nötig, da die Virusgrippe unter Umständen tödlich verlaufen kann.

Grützbeutel: Eine meist schmerzlose Verstopfung der Kopfhauttalgdrüsen.
Harte Grützbeutel lassen sich durch *Nr. 1 Calcium fluoratum D12* im täglichen Wechsel mit *Nr. 11 Silicea D12,* je dreimal täglich, erweichen.

Gürtelrose siehe Rose.

Haarausfall: Die langfristige Einnahme von *Nr. 8 Natrium chloratum D6* im täglichen Wechsel mit *Nr. 11 Silicea D12,* je dreimal täglich, hat sich verschiedentlich bewährt.
Bei kreisrundem Haarausfall sollte *Nr. 5 Kalium phosphoricum D6* im täglichen Wechsel mit *Nr. 3 Ferrum phosphoricum D6,* je dreimal täglich, versucht werden.

Hämorrhoiden: Innerliche und äußerliche Hämorrhoiden sind erweiterte oder geschwollene Venen im Mastdarmende. Obwohl sie meist ungefährlich sind, können sie doch dem Patienten durch Brennen und Jucken das Leben unerträglich machen. Ursachen sind sowohl Veranlagung als auch ständige sitzende Beschäftigung. Oft entstehen Hämorrhoiden auch während einer Schwangerschaft. Blutende Hämorrhoiden bergen die Gefahr einer Infektion und sollten zur Behandlung dem Arzt vorgeführt werden.
Die Einnahme der biochemischen Salze und die Durchführung geeigneter gymnastischer Übungen können Hämorrhoiden zur Rückbildung veranlassen.
Grundmittel ist *Nr. 11 Silicea D12* und *Nr. 1 Calcium fluoratum D12,* dreimal täglich im Wechsel genommen. Zur Unterstützung *Calcium-fluoratum-D6*-Salbe.
Entzündete Hämorrhoiden werden mit der halbstündlichen Einnahme

von *Nr. 3 Ferrum phosphoricum D6* behandelt. Eventuell zusätzlich *Ferrum-phosphoricum-D6*-Salbe.
Schmerzende, nicht entzündete Hämorrhoidalknoten, auch bei Jucken und Krampf des Schließmuskels: *Nr. 7 Magnesium phosphoricum D6,* viertelstündlich.
Bei Brennen und Jucken: *Nr. 5 Kalium phosphoricum D6,* sechsmal täglich.
Bei Hitze im Unterbauch: halbstündlich *Nr. 10 Natrium sulfuricum D6.*

Halsentzündung siehe Rachenkatarrh.

Harnabgang beim Niesen, Husten etc.: *Nr. 8 Natrium chloratum D6,* stündlich.

Hautjucken: *Nr. 7 Magnesium phosphoricum D6,* stündlich, wenn keine Erkrankung (Diabetes, Ekzem o. ä.) das Jucken auslöst.
Altersjucken: *Nr. 2 Calcium phosphoricum D6,* dreimal täglich.
Trockene, rauhe Haut: *Nr. 1 Calcium fluoratum D12,* dreimal täglich.
Äußerlich: *Magnesium-phosphoricum-D6*-Salbe.

Heiserkeit: Bei Überanstrengung der Stimme oder bei Halsschmerzen: *Nr. 3 Ferrum phosphoricum D6,* stündlich; bei beginnender Erkältung viertelstündlich.
Kehlkopfkatarrh: *Nr. 4 Kalium chloratum D6* und *Nr. 6 Kalium sulfuricum D6* im halbstündigen Wechsel.
Stimmbandlähmung: *Nr. 5 Kalium phosphoricum D6,* stündlich.
Zusätzlich eventuell *Nr. 14 Kalium bromatum D6.*

Heißhunger, abnormer Appetit: Abmagerung trotz reichlicher Nahrungsaufnahme: *Nr. 8 Natrium chloratum D6,* dreimal täglich.
Heißhunger mit Appetitlosigkeit wechselnd: *Nr. 3 Ferrum phosphoricum D6,* sechsmal täglich.
Appetit auf unverdauliche Dinge: *Nr. 22 Calcium carbonicum D12,* dreimal täglich.
Keine Sättigung trotz ausreichender Nahrungsaufnahme: *Nr. 1 Calcium fluoratum D12,* dreimal täglich.
Verlangen nach Geräuchertem und Gesalzenem: *Nr. 2 Calcium phosphoricum D6,* dreimal täglich.

Herpes: Gemeint sind hier die Lippenbläschen, die vom Herpes-simplex-Virus ausgelöst werden. (Für Herpes zoster, »Gürtelrose«, siehe unter dem Stichwort »Rose«.)

Die Lippenbläschen entstehen, wenn das körpereigene Abwehrsystem durch intensive Sonnenbestrahlung, Alkoholgenuß, Streß oder andere Belastungen geschwächt ist und eine Infektion mit dem Virus erfolgt. Teilweise befindet sich das Virus aber auch jahrelang im Körper. Wenn die Widerstandskräfte geschwächt sind, kann die Krankheit dann ausbrechen.

Beim ersten Anzeichen haben sich *Nr. 8 Natrium chloratum D6* im halbstündigen Wechsel mit *Nr. 4 Kalium chloratum D6* bewährt. Weiteres siehe unter dem Stichwort »Ausschläge«.

Herzbeschwerden: Grundsätzlich muß hier geklärt werden, was die Beschwerden auslöst. Die möglichen Erkrankungen des Herzens sind so vielfältig und können teilweise so schwerwiegend sein, daß auf die Aufklärung der Ursachen durch den Arzt nicht verzichtet werden kann!

Ist die Ursache durch den Arzt festgestellt worden, können die folgenden Mittel unterstützend zusätzlich genommen werden:

Die Durchblutung des Herzmuskels wird durch *Nr. 5 Kalium phosphoricum D6,* sechsmal täglich, verbessert.

Nr. 1 Calcium fluoratum D12, dreimal, im täglichen Wechsel mit *Nr. 2 Calcium phosphoricum D6,* sechsmal, stärkt den überbeanspruchten Herzmuskel.

Blutarme und schwächliche Personen sollten sechsmal täglich *Nr. 2 Calcium phosphoricum D6* einnehmen.

Herzklopfen aus nervöser Ursache und Herzkrämpfe beseitigt viertelstündlich eine Tablette *Nr. 7 Magnesium phosphoricum D6.*

Erschöpfung, Angstzustände, Engegefühl, Depressionen, Gedächtnisschwäche, Alpträume; als Dauermittel bei Herzmuskelschaden und Herzschwäche: *Nr. 5 Kalium phosphoricum D6,* sechsmal täglich.

Herzklopfen nach körperlicher Anstrengung und dabei Blutandrang im Kopf: *Nr. 3 Ferrum phosphoricum D6,* sechsmal täglich.

Kalte Hände und Füße, Aussetzen des Herzschlags: *Nr. 8 Natrium chloratum D6,* dreimal täglich.

Druck in der Herzgegend, allgemeine Unruhe und »Kribbeligkeit«: *Nr. 10 Natrium sulfuricum D6,* dreimal täglich.

Nächtliches Erwachen mit Herzklopfen, Besserung bei offenem Fenster oder im Freien, schneller, stark klopfender Puls, ängstliche und traurige Stimmung: *Nr. 6 Kalium sulfuricum D6,* sechsmal täglich, bei Anfällen viertelstündlich.

Verschlimmerung des Herzklopfens durch Bewegung: *Nr. 4 Kalium chloratum D6,* sechsmal täglich.

Wenn der Pulsschlag im ganzen Körper zu spüren ist: *Nr. 9 Natrium phosphoricum D6,* sechsmal täglich.

Verschlimmerung bei Mondwechsel: *Nr. 11 Silicea D12,* dreimal täglich.

Heuschnupfen: Diese Erkrankung beruht meist auf einer Überempfindlichkeit des Organismus (Allergie) gegen bestimmte Pollen, aber auch Allergien gegen andere Einflüsse (Tierhaare, Staub usw.) sind heute keine Seltenheit. Merkwürdigerweise scheint die Zahl der Allergiker ständig größer zu werden. Die Einnahme der biochemischen Salze kann hier den Organismus soweit umstimmen, daß ein Kontakt mit dem Allergieauslöser wieder gefahrlos möglich ist. Zu dieser Behandlung gehört aber oft jahrelange Geduld und ständige Beobachtung der Symptome, um gegebenenfalls das Mittel zu wechseln.

Falls eine Allergie die auslösende Ursache ist, sollte die ärztliche Überwachung selbstverständlich sein; denn ein allergischer Schock kann zum Tode führen!

Hauptmittel bei einem akuten Fall ist *Nr. 8 Natrium chloratum D6* und *Nr. 3 Ferrum phosphoricum D6* im viertelstündigen Wechsel. Zur Vorbeugung sollten beide Mittel im täglichen Wechsel je dreimal eingenommen werden.

Niesanfälle, Asthma: *Nr. 7 Magnesium phosphoricum D6,* viertelstündlich.

Eventuell ergänzend *Nr. 24 Arsenum jodatum D12.*

Hexenschuß (siehe auch Ischias, Rheumatismus): *Nr. 7 Magnesium phosphoricum D6* im viertelstündigen Wechsel mit *Nr. 3 Ferrum phosphoricum D6* beim ersten Auftreten.

Bei älteren Menschen: *Nr. 2 Calcium phosphoricum D6,* halbstündlich.

Hitzewallungen in den Wechseljahren: Über längere Zeit hinweg sechsmal täglich *Nr. 3 Ferrum phosphoricum D6.*

Hühneraugen: Erste Maßnahme sollte das Tragen von nicht zu engem, bequemem Schuhwerk sein. *Nr. 1 Calcium fluoratum D12* im zweistündigen Wechsel mit *Nr. 11 Silicea D12* über längere Zeit kann helfen.

Zusätzlich wird äußerlich *Kalium-chloratum-D6*-Salbe angewendet.

Husten: Der Husten ist keine Krankheit, sondern immer nur Hinweis auf eine Erkrankung der Atemwege. Länger anhaltendes Husten ohne ersichtlichen Grund muß immer zum Arzt führen, damit die Ursache festgestellt und behandelt werden kann.

Trockener Husten, kurz, schmerzhaft, ohne Auswurf, mit Blutandrang zum Kopf, Brustbeklemmungen: *Nr. 3 Ferrum phosphoricum D6,* viertelstündlich.

Kitzelhusten, glasiger Auswurf, wundes Gefühl in den Atemwegen, Stechen im Oberbauch: *Nr. 8 Natrium chloratum D6,* viertelstündlich.

Krampfhusten und nächtliche Verschlimmerung: *Nr. 7 Magnesium phosphoricum D6,* viertelstündlich.
Gelblicher, rahmiger, eitriger Auswurf: *Nr. 9 Natrium phosphoricum D6,* viertelstündlich.
Grüner, zäher, dicker Auswurf: *Nr. 10 Natrium sulfuricum D6,* viertelstündlich.
Weißgrauer Schleim, zäh, schwer löslich: *Nr. 4 Kalium chloratum D6,* viertelstündlich.
Gelblicher oder eitriger Schleim, starkes Brustrasseln, Besserung in frischer Luft: *Nr. 6 Kalium sulfuricum D6,* viertelstündlich.
Großblasiges Rasseln in den Atemwegen: *Nr. 2 Calcium phosphoricum D6,* dreimal täglich.
Eitriger, grünlicher Auswurf, wundes Gefühl in der Brust, ständiges Hüsteln: *Nr. 11 Silicea D12,* dreimal täglich.
Blutig-eitriger, grünlicher, stinkender Auswurf: *Nr. 12 Calcium sulfuricum D6,* sechsmal täglich.
Chronisches Hüsteln: *Nr. 5 Kalium phosphoricum D6,* sechsmal täglich.
Bellender Husten, Auswurf kleiner gelber Klümpchen: *Nr. 1 Calcium fluoratum D12,* stündlich.
Fester, hartnäckiger Husten: *Nr. 15 Kalium jodatum D6,* dreimal täglich.

Hypertonie und Hypotonie siehe Blutdruck.

Impotenz siehe Potenzschwierigkeiten.

Influenza siehe Grippe.

Insektenstiche: Als erste Maßnahme sollte die Stichwunde mit Speichel befeuchtet und mit einigen Körnchen Kochsalz bestreut werden. Weiterhin empfiehlt sich *Natrium-chloratum-D6*-Salbe.

Bei mehreren Stichen, Bildung von Quaddeln auf der Haut: *Nr. 8 Natrium chloratum D6,* viertelstündlich.

Ischias: Ständig wiederkehrende Ischiasanfälle können vielfältige Ursachen haben, z. B. Bandscheibenverschleiß; deshalb sollte die Ursache durch den Arzt geklärt werden.

Im akuten Fall hilft *Nr. 5 Kalium phosphoricum D6* im viertelstündlichen Wechsel mit *Nr. 7 Magnesium phosphoricum D6.*
Stechende, krampfartige, bohrende Schmerzen, die sich bei Druck und Wärme bessern, bei leichter Berührung aber verschlimmern: *Nr. 7 Magnesium phosphoricum D6,* viertelstündlich.
Bei Beginn der Bewegung werden die Schmerzen schlimmer, lassen aber

ein wenig nach, sobald man sich eine Weile bewegt hat (»der Kranke läuft sich ein«): *Nr. 5 Kalium phosphoricum D6,* viertelstündlich. Zur Dauerbehandlung sechsmal täglich.
Kribbeln, Taubheit, Kältegefühl; Verschlimmerung bei Wetterwechsel: *Nr. 2 Calcium phosphoricum D6,* viertelstündlich.
Verschlimmerung bei Bettwärme, Patient hält es nicht in Ruhe aus, muß sich bewegen: *Nr. 4 Kalium chloratum D6,* viertelstündlich.
Verschlimmerung durch Bettwärme, Gefühl, als ob die »Wade zu kurz« sei: *Nr. 11 Silicea D12,* dreimal täglich.
Verschlimmerung durch Feuchtigkeit und Bewegung: *Nr. 10 Natrium sulfuricum D6,* viertelstündlich.
Zusätzlich: *Nr. 19 Cuprum arsenicosum D12.*

Karies: Bei Neigung zu Karies sollte dreimal täglich *Nr. 1 Calcium fluoratum D6* über lange Zeit eingenommen werden.

Kältegefühl in den Gliedern: Meist ein Zeichen von Kreislauferkrankungen.

Wenn Kältegefühle als Begleiterscheinung von anderen Krankheiten auftreten, sind folgende Mittel angeraten:
Bei bläulich oder rot angelaufenem Gesicht: *Nr. 3 Ferrum phosphoricum D6.*
Hände und Füße sind bläulich, kalt, aber schweißig: *Nr. 5 Kalium phosphoricum D6.*
Bei nervösen, blaßhäutigen Menschen: *Nr. 7 Magnesium phosphoricum D6.*

Kehlkopfentzündung siehe Heiserkeit.

Keuchhusten: Eine sehr ernste Kinderkrankheit, von der auch Erwachsene befallen werden können. Besonders bei Säuglingen und Kleinkindern können die Hustenanfälle lebensbedrohend sein, deshalb ist ärztliche Behandlung dringend erforderlich. Zur Unterstützung der ärztlichen Maßnahmen können folgende Mittel eingesetzt werden:
Beim Auftreten der ersten Symptome, auch wenn nur der Verdacht auf Keuchhusten besteht, und wenn die Hustenanfälle Nasenbluten auslösen: *Nr. 3 Ferrum phosphoricum D6* im viertelstündigen Wechsel mit *Nr. 7 Magnesium phosphoricum D6.*
Dicker, weißer Auswurf, zäh, fadenziehend: *Nr. 4 Kalium chloratum D6,* stündlich.
Eiweißartiger Auswurf, und bei schwächlichen Kindern: *Nr. 2 Calcium phosphoricum D6,* stündlich.

Gelber, schleimiger Auswurf: *Nr. 6 Kalium sulfuricum D6,* stündlich.
Hinfälligkeit und Erschöpfung, Krampfhusten: *Nr. 5 Kalium phosphoricum D6,* stündlich.
Ergänzend: *Nr. 14 Kalium bromatum D6.*

Kinderlähmung: Die beste Maßnahme gegen Kinderlähmung ist nach wie vor die Impfung! Daß die Kinderlähmung heutzutage nicht mehr so häufig auftritt wie früher, ist ein Beweis, daß die Schutzimpfung ihren Zweck erfüllt. Die Krankheit beginnt ohne Vorzeichen mit Fieber, heftigen Kopfschmerzen und Steifheit im Nacken. Oft bestehen auch Muskelschmerzen. Beim geringsten Verdacht auf Kinderlähmung ist sofortige ärztliche Behandlung nötig! Unbehandelte Kinderlähmung kann durch Lähmung des Atemzentrums innerhalb weniger Stunden zum Tode oder zu lebenslangen Verkrüppelungen führen.

Nach Abklingen der akuten Phase bzw. zur Unterstützung der ärztlichen Behandlung empfiehlt sich die Einnahme folgender Mittel:
Als Hauptmittel: *Nr. 5 Kalium phosphoricum D12,* sechsmal täglich.
Der Kranke ist blaß, blutarm: *Nr. 2 Calcium phosphoricum D6,* sechsmal täglich.
Nach überstandener Krankheit unterstützt *Nr. 1 Calcium fluoratum D12,* sechsmal täglich, die Regeneration des Körpers.
Zurückbleibende Lähmungen, besonders bei Auftreten von Kopf- und Fußschweiß, behandelt man mit dreimal täglich *Nr. 11 Silicea D12.*

Kloßgefühl im Hals: viertelstündlich *Nr. 7 Magnesium phosphoricum D6.*

Knochenauswüchse: Die langfristige Einnahme von *Nr. 1 Calcium fluoratum D12,* dreimal täglich, hat sich bewährt.

Knochenbrüche: Hier können die biochemischen Salze die Heilung beschleunigen. Zur Unterstützung folgende Mittel:
Zur Anregung der Knochenheilung: *Nr. 2 Calcium phosphoricum D6* im täglichen Wechsel mit *Nr. 1 Calcium fluoratum D12,* jedes Mittel dreimal täglich.
Wenn Schmerzen oder Entzündungen auftreten: *Nr. 3 Ferrum phosphoricum D6,* viertelstündlich.
Wenn die Schwellung sich nicht zurückbildet: *Nr. 4 Kalium chloratum D6,* sechsmal täglich.

Knochenmarkentzündung: Als erstes Mittel: *Nr. 3 Ferrum phosphoricum D6* im viertelstündigen Wechsel mit *Nr. 5 Kalium phosphoricum D6;* zusätzlich kann *Nr. 2 Calcium phosphoricum D6* sechsmal täglich eingenommen werden, um Blutvergiftung zu vermeiden.

Bei auftretenden Eiterungen, Fisteln: *Nr. 11 Silicea D12,* drei- bis sechsmal täglich.
Zur Beschleunigung der Abheilung: *Nr. 1 Calcium fluoratum D12,* dreimal täglich.

Koliken: Zur Behandlung der Symptome empfiehlt sich *Nr. 7 Magnesium phosphoricum D6,* viertelstündlich und als »Heiße Sieben«. Weiteres sollte unter den Stichwörtern der Grundkrankheit (Galle, Darm usw.) nachgesehen werden.

Kopfschmerzen: Kopfschmerzen und Migräne sind immer ein Hinweis auf allgemeine Störungen. Es muß unbedingt das Grundleiden geklärt werden. Alles andere ist nur eine Unterdrückung der Symptome, nicht aber eine Behandlung der Krankheit!
Drückende Schmerzen, Blutandrang im Kopf, Schwindel, Erbrechen, Hitzewallungen, Schmerz über den Augen, zum Hinterkopf ziehend, Übelkeit und Sehstörungen; Besserung durch Kühle und Auflegen der Hand, Verschlimmerung durch Kopfschütteln, Druck, Bücken: *Nr. 3 Ferrum phosphoricum D6,* viertelstündlich.
Nervöser Kopfschmerz, Schlaflosigkeit, Reizbarkeit; Unterversorgung des Gehirns mit Blut; schlimmer nach geistiger Überanstrengung: *Nr. 5 Kalium phosphoricum D6,* viertelstündlich.
Früh morgens beginnend, mittags am schlimmsten und bis zum Abend anhaltend, Schmerz über dem rechten Auge; nach Krankheiten und schlechtem Schlaf, bei Mädchen in den Entwicklungsjahren: *Nr. 8 Natrium chloratum D6,* halbstündlich.
Krampfhafte, plötzlich auftretende Schmerzen, Neuralgien, Funken vor den Augen, Hinterkopfschmerz: *Nr. 7 Magnesium phosphoricum D6,* viertelstündlich.
»Schulkopfschmerz«, nach geistiger Überanstrengung, insbesondere bei empfindlichen, schwächlichen Menschen: *Nr. 11 Silicea D12,* stündlich.
Mit begleitenden Verdauungsstörungen, Verschlimmerung der Schmerzen durch Licht oder Bewegung: *Nr. 10 Natrium sulfuricum D6,* stündlich.
Bei gleichzeitiger Übelkeit, nach Alkoholgenuß, mit bitterem Geschmack, mit saurem Aufstoßen; heißer, dumpf drückender Kopf; Besserung in frischer Luft: *Nr. 9 Natrium phosphoricum D6,* halbstündlich.
Kältegefühl im oder am Kopf, verschlimmert durch Wetterwechsel oder nachts: *Nr. 2 Calcium phosphoricum D6,* halbstündlich.
Seitenkopfschmerz: *Nr. 15 Kalium jodatum D6.*
Zu beachten sind auch die Modalitäten.

Krampfadern (siehe auch Beingeschwüre): Meist ein Hinweis auf eine Bindegewebsschwäche. Zur Stärkung kann *Nr. 11 Silicea D12* im täglichen Wechsel mit *Nr. 1 Calcium fluoratum D12,* dreimal täglich über lange Zeit, empfohlen werden.
Die Heilung blutender Krampfadern wird durch *Nr. 3 Ferrum phosphoricum D6*, alle fünf Minuten, unterstützt.
Bei nässendem offenen Bein: *Nr. 10 Natrium sulfuricum D6* und *Nr. 8 Natrium chloratum D6* im halbstündlichen Wechsel.
Ergänzend: *Nr. 20 Kalium-Aluminium sulfuricum D6.*
Äußerlich: *Calcium-fluoratum-D6*-Salbe.

Krämpfe: Bei allen krampfartigen Erscheinungen empfiehlt sich *Nr. 7 Magnesium phosphoricum D6,* viertelstündlich oder als »Heiße Sieben«.
Nachts auftretend, nach Erregung oder Schreck, stets wiederkehrende Fuß- und Wadenkrämpfe: *Nr. 11 Silicea D12,* dreimal täglich.
Zahnen der Babys, bei Taubheits- und Kältegefühl, für schwächliche Personen: *Nr. 2 Calcium phosphoricum D6,* sechsmal täglich. (Auch im Wechsel mit *Nr. 7 Magnesium phosphoricum D6.*)
Nervöse Menschen, die zu Krämpfen neigen, nehmen *Nr. 5 Kalium phosphoricum D6* über längere Zeit sechsmal täglich.
Zusätzlich kann *Nr. 19 Cuprum arsenicosum D12* versucht werden.

Kreuzschmerzen siehe Rückenschmerzen.

Kropf: Die Vergrößerung der Schilddrüse findet sich häufig bei Personen, die an einer Jod-Unterversorgung leiden. Vorbeugend oder wenn eine chirurgische Behandlung nicht nötig ist, kommen die folgenden Mittel in Betracht:
Grundmittel nach der Empfehlung von Dr. Schüßler ist *Nr. 7 Magnesium phosphoricum D6,* sechsmal täglich.
Blutarme Jugendliche, plötzliche Vergrößerung der Schilddrüse während der Schwangerschaft: *Nr. 2 Calcium phosphoricum D6,* sechsmal täglich.
Gleichzeitiger Blutandrang im Kopf: *Nr. 3 Ferrum phosphoricum D6,* zweistündlich.
Harter Kropf: *Nr. 1 Calcium fluoratum D12,* dreimal täglich über längere Zeit.
Wegen des Jodgehaltes kann zusätzlich *Nr. 15 Kalium jodatum D6,* dreimal täglich eingenommen werden.

Krupphusten: Eine Kinderkrankheit, die meist im Alter von zwei bis drei Jahren auftritt und sich durch den rauhen, krächzenden Husten bemerkbar macht. Der entzündete Kehlkopf ist geschwollen und behindert die Atmung. Als erste Maßnahme kann die Zufuhr feuchter Wärme helfen (im Badezimmer durch Aufdrehen der Heißwasserdusche).

Bis zum Eintreffen des Notarztes und zur Unterstützung der Behandlung:

Krampfhusten, der nachts auftritt: *Nr. 7 Magnesium phosphoricum D6,* alle fünf Minuten.

Trockener Husten, kurz, schmerzhaft, ohne Auswurf, Beklemmungen in der Brust: *Nr. 3 Ferrum phosphoricum D6,* alle fünf Minuten.

Fester, hartnäckiger Husten: *Nr. 15 Kalium jodatum D6,* dreimal täglich.

Kitzelhusten, glasiger Auswurf, wundes Gefühl in den Atemwegen, Stechen im Oberbauch: *Nr. 8 Natrium chloratum D6,* viertelstündlich.

Gelblicher, rahmiger, eitriger Auswurf: *Nr. 9 Natrium phosphoricum D6,* viertelstündlich.

Grüner, zäher, dicker Auswurf: *Nr. 10 Natrium sulfuricum D6,* viertelstündlich.

Weißgrauer Schleim, zäh, schwer löslich: *Nr. 4 Kalium chloratum D6,* viertelstündlich.

Gelblicher oder eitriger Schleim, starkes Brustrasseln, Besserung in frischer Luft: *Nr. 6 Kalium sulfuricum D6,* viertelstündlich.

Großblasiges Rasseln in den Atemwegen: *Nr. 2 Calcium phosphoricum D6,* dreimal täglich.

Eitriger, grünlicher Auswurf, wundes Gefühl in der Brust, ständiges Hüsteln: *Nr. 11 Silicea D12,* dreimal täglich.

Blutig-eitriger, grünlicher, stinkender Auswurf: *Nr. 12 Calcium sulfuricum D6,* sechsmal täglich.

Bellender Husten, Auswurf kleiner gelber Klümpchen: *Nr. 1 Calcium fluoratum D12,* stündlich.

Ergänzend kann *Nr. 14 Kalium bromatum D6,* dreimal täglich, helfen.

Lähmungen: Lähmungen aus unklarer Ursache gehören in die Hand des Arztes, da sich hinter diesen Beschwerden auch ernsthafte Krankheitsursachen verbergen können.

Wenn leichte Lähmungen als Begleiterscheinung anderer Krankheiten auftreten:

Hauptmittel: *Nr. 5 Kalium phosphoricum D6,* sechsmal täglich.

Nach Schlaganfall: *Nr. 7 Magnesium phosphoricum D6* im täglichen Wechsel mit *Nr. 5 Kalium phosphoricum D6,* je sechsmal täglich.

Taubes Gefühl in verschiedenen Körperteilen: *Nr. 2 Calcium phosphoricum D6,* sechsmal täglich.

Eventuell ergänzend *Nr. 13 Kalium arsenicosum D12.*

Lebererkrankungen: Um die Ursache zu ergründen, sollte die Hilfe des Arztes in Anspruch genommen werden. Zur Unterstützung der Behandlung oder bei nur leichten Beschwerden:

Vorbeugend bei empfindlicher Leber: *Nr. 6 Kalium sulfuricum D6,* dreimal täglich.

Entzündung im ersten Stadium: *Nr. 3 Ferrum phosphoricum D6* im viertelstündlichen Wechsel mit *Nr. 10 Natrium sulfuricum D6.*

Leberschrumpfung: *Nr. 5 Kalium phosphoricum D6, Nr. 6 Kalium sulfuricum D6, Nr. 9 Natrium phosphoricum D6* im stündlichen Wechsel.

Verstopfung und Schmerzen nach dem Essen: *Nr. 8 Natrium chloratum D6,* sechsmal täglich.

Heller Zungenbelag, heller Stuhl: *Nr. 4 Kalium chloratum D6,* sechsmal täglich.

Verhärtung: *Nr. 11 Silicea D12* und *Nr. 1 Calcium fluoratum D12,* dreimal täglich.

Druckempfindlichkeit, bitterer Mundgeschmack: *Nr. 10 Natrium sulfuricum D6,* stündlich.

Leberschwellung, Gelbsucht: *Nr. 5 Kalium phosphoricum D6* im viertelstündlichen Wechsel mit *Nr. 6 Kalium sulfuricum D6.*

Lidrandentzündung: Erstes Mittel: *Nr. 3 Ferrum phosphoricum D6,* sechsmal täglich.

Verklebte Lider: *Nr. 9 Natrium phosphoricum D6* im zweistündigen Wechsel mit *Nr. 3 Ferrum phosphoricum D6.*

Vereiterte Lider: *Nr. 11 Silicea D12,* dreimal täglich.

Äußerlich: *Kalium-sulfuricum-D6*-Salbe.

Lippenbläschen siehe Herpes.

Lungenentzündung (siehe auch Absonderungen): Es handelt sich hierbei um eine gefährliche Krankheit, die durch Bakterien, Viren oder Pilze ausgelöst wird. Sie tritt oft nach verschleppten oder nicht auskurierten Erkältungen auf. Besonders gefährdet sind Personen mit geringen Abwehrkräften.

Die Selbsthilfe sollte sich darauf beschränken, die Immunkräfte zu stärken und damit die ärztliche Behandlung zu unterstützen.

Bei ersten Anzeichen: *Nr. 3 Ferrum phosphoricum D6,* viertelstündlich.

Fieber über 39 °C: *Nr. 5 Kalium phosphoricum D6,* viertelstündlich.

Weißer oder grauer Schleim: *Nr. 4 Kalium chloratum D6,* viertelstündlich, zur Lösung festsitzenden Schleims.

Zusätzlich kann halbstündlich *Nr. 6 Kalium sulfuricum D6* eingenommen werden.

Schwache und blutarme Kranke, zur Nachbehandlung während der Genesung: *Nr. 2 Calcium phosphoricum D6,* dreimal täglich.

Lungenerweiterung (Emphysem): Meist ist das Emphysem eine Folgeerscheinung des Bronchialasthmas oder ein Altersleiden infolge der Erschlaffung des Lungengewebes. Das Emphysem kann auch eine Berufskrankheit der Glasbläser, Blasmusiker etc. sein.

Zur Kräftigung des Gewebes kann im täglichen Wechsel *Nr. 11 Silicea D12 und Nr. 1 Calcium fluoratum D12,* je dreimal täglich eingenommen werden.

Lungentuberkulose: Die Tuberkulose hat gegenüber früheren Zeiten viel von ihrer Gefährlichkeit verloren. Die Behandlung ist durch die Früherkennung und den gezielten Einsatz der Chemotherapie sehr viel risikoloser geworden. Wir können die ärztliche Behandlung mit den biochemischen Salzen gut unterstützen.

Grundmittel in allen Stadien, bei Durchfall, Fieber, Schwäche, kaltem Nachtschweiß, heiserem trockenen Husten, Heißhunger auf Geräuchertes: *Nr. 2 Calcium phosphoricum D6,* sechsmal täglich.

Grünlichgelber, dick eitriger Auswurf, bei Lungenbluten: *Nr. 12 Calcium sulfuricum D6,* sechsmal täglich.

Abmagerung, Fußschweiß, Mattigkeit; Eitrigem, blutigem, zähem Auswurf; bei Kehlkopf- und Darmtuberkulose: *Nr. 11 Silicea D12,* dreimal täglich.

Verkäsungen behandelte Dr. Schüßler mit *Nr. 7 Magnesium phosphoricum D6,* sechsmal täglich. Zusätzlich kann *Nr. 8 Natrium chloratum D6,* sechsmal täglich gegeben werden.

Weitere Hinweise unter Absonderungen.

Magenerweiterung: Wenn durch ständig zu große Füllungen der Magen überdehnt wird, spricht man von einer Magenerweiterung. Außer einer Magenpförtnerenge oder zu starkem Luftschlucken kann auch eine schlaffe Bauchdecke (z. B. nach zu starker Gewichtsabnahme) daran schuld sein.

In den meisten Fällen hilft *Nr. 5 Kalium phosphoricum D6,* sechsmal täglich.

Magenkatarrh, -geschwür, -schleimhautentzündung siehe Gastritis.

Magensäure: Bei Übersäuerung des Magens wird jeweils nach dem Essen 1 Tablette *Nr. 9 Natrium phosphoricum D6* eingenommen.

Bei Magensäuremangel zur längeren Behandlung sechsmal täglich *Nr. 8 Natrium chloratum D6.*

Malaria: Je mehr die Reiselust die Menschen in die Ferne treibt, desto stärker nimmt die Zahl der Malariainfektionen in Europa zu; denn trotz intensivster Anstrengungen ist diese Krankheit in den Tropen und den warmen Ländern nach wie vor verbreitet.

Die Anopheles-Mücke überträgt die Krankheit, indem sie von einem Malariakranken Blut saugt. Nach einem Umwandlungsvorgang gelangt der Krankheitserreger vom Darm der Mücke in ihren Speichel. Wenn die Mücke dann einen Gesunden sticht, gelangt der Erreger in das Blut des Menschen, und die Krankheit nimmt ihren Lauf.

Wegen der Folgen der Malaria sollte immer der Arzt aufgesucht werden.

Wir können den Heilungsvorgang mit den folgenden Mitteln unterstützen:

Bei Fieberschüben gibt man alle fünfzehn Minuten *Nr. 3 Ferrum phosphoricum D6,* wenn das Fieber unter 39 °C bleibt.

Bei Fieber über 39 °C geben wir zusätzlich stündlich *Nr. 5 Kalium phosphoricum D6.*

In fieberfreien Zeiten hat sich zur Dauertherapie *Nr. 8 Natrium chloratum D6,* dreimal täglich, bewährt.

Die weitere Behandlung richtet sich nach den Begleitsymptomen und den Modalitäten.

Mandelentzündung: Bei akuten Fällen als erstes Mittel: *Nr. 3 Ferrum phosphoricum D6,* viertelstündlich.

Chronische Fälle: *Nr. 9 Natrium phosphoricum D6* im täglichen Wechsel mit *Nr. 7 Magnesium phosphoricum D6,* je sechsmal täglich.

Eiterungen weisen auf *Nr. 11 Silicea D12,* dreimal täglich bei chronischen Fällen, im akuten Stadium zweistündlich.

Verhärtung der Mandeln: *Nr. 1 Calcium fluoratum D12,* dreimal täglich.

Zusätzlich kann *Nr. 13 Kalium arsenicosum D12* oder *Nr. 15 Kalium jodatum D12* versucht werden.

Masern: Eine Virusinfektion, die meist Kinder zwischen dem zweiten und fünften Lebensjahr befällt. Wegen der möglichen Komplikationen, die durch die geschwächten Widerstandskräfte auftreten können, darf diese Krankheit nicht unterschätzt werden. Als Komplikationen können auftreten: Bronchitis, Mittelohr- und Lungenentzündung, Gehirnentzündung, Keuchhusten, Tuberkulose. Besonders gefährlich werden Masern, wenn Herz- und Kreislauferkrankungen hinzukommen. Masern können den kleinsten tuberkulösen Infekt aktivieren. Deshalb sollten Patienten, die sich nach der Krankheit nicht richtig erholen, darauf untersucht werden.

Anfangs: *Nr. 3 Ferrum phosphoricum D6* und *Nr. 4 Kalium chloratum D6* im halbstündigen Wechsel.

Bei beginnendem Ausschlag, bei Neigung zu Krämpfen: *Nr. 8 Natrium chloratum D6,* stündlich, und zusätzlich *Nr. 5 Kalium phosphoricum D6,* viertelstündlich.
Bei Ausbleiben des Ausschlags: *Nr. 6 Kalium sulfuricum D6,* sechsmal täglich.

Menstruation (zu lang dauernd): Wenn die Menstruation regelmäßig länger als sieben Tage dauert: *Nr. 2 Calcium phosphoricum D6* im täglichen Wechsel mit *Nr. 4 Kalium chloratum,* jedes Mittel dreimal täglich.

Menstruationsbeschwerden: Bei Schmerzen während der Regel, bei Kreuzschmerzen, auch vorbeugend: *Nr. 7 Magnesium phosphoricum D6,* alle zehn Minuten.
Bei ständiger Neigung zu Rückenschmerzen: siehe dort.

Migräne siehe Kopfschmerzen.

Milchschorf (siehe auch Absonderungen): *Nr. 9 Natrium phosphoricum D12,* sechsmal täglich.
Äußerlich: *Natrium-phosphoricum-D6*-Salbe.

Mitesser siehe Akne.

Mittelohrentzündung: Erstes Mittel: *Nr. 3 Ferrum phoshoricum D6,* viertelstündlich.
Weißlicher Ausfluß und als Begleitmittel zu *Nr. 3 Ferrum phosphoricum D6: Nr. 4 Kalium chloratum D6,* sechsmal täglich.
Wenn die Mittelohrentzündung nach anderen Infektionen auftritt (Erkältungen usw.), oder wenn sich übelriechender Ausfluß zeigt: *Nr. 5 Kalium phosphoricum D6,* halbstündlich.
Grünlicher, dünner Eiter, Verschlimmerung abends: *Nr. 6 Kalium sulfuricum D6,* sechsmal täglich.
Gelblicher Eiter: *Nr. 11 Silicea D12,* dreimal täglich, im täglichen Wechsel mit *Nr. 9 Natrium phosphoricum D6,* sechsmal täglich.

Modalitäten: Die Modalitäten (Umstände, durch die sich die Beschwerden verändern) werden von der Schulmedizin kaum beachtet. Bei der Wahl eines biochemischen Mittels spielen sie jedoch eine wichtige, mitunter entscheidende Rolle:
Besserung der Beschwerden:
durch Beschäftigung (geistige und körperliche): *Nr. 11 Silicea;*
Bewegung: *Nr. 1 Calcium fluoratum / Nr. 17 Manganum sulfuricum;*

Druck: *Nr. 7 Magnesium phosphoricum / Nr. 10 Natrium sulfuricum;*
Essen: *Nr. 5 Kalium phosphoricum;*
frische Luft: *Nr. 17 Manganum sulfuricum;*
Gehen im Freien: *Nr. 7 Magnesium phosphoricum;*
im Freien: *Nr. 6 Kalium sulfuricum;*
Hitze: *Nr. 1 Calcium fluoratum;*
Kälte: *Nr. 3 Ferrum phosphoricum;*
Krümmen: *Nr. 7 Magnesium phosphoricum;*
kühle Luft: *Nr. 6 Kalium sulfuricum;*
Liegen auf der schmerzhaften Seite: *Nr. 22 Calcium carbonicum;*
Reibung: *Nr. 7 Magnesium phosphoricum;*
Ruhe: *Nr. 3 Ferrum phosphoricum / Nr. 5 Kalium phosphoricum;*
Sommer: *Nr. 2 Calcium phosphoricum / Nr. 11 Silicea;*
Trockenheit: *Nr. 2 Calcium phosphoricum / Nr. 8 Natrium chloratum / Nr. 10 Natrium sulfuricum / Nr. 22 Calcium carbonicum;*
warme Anwendungen: *Nr. 1 Calcium fluoratum;*
warmes Wetter: *Nr. 2 Calcium phosphoricum;*
Wärme: *Nr. 4 Kalium chloratum / Nr. 5 Kalium phosphoricum / Nr. 7 Magnesium phosphoricum / Nr. 8 Natrium chloratum / Nr. 11 Silicea.*

Verschlimmerung der Beschwerden:

abends: *Nr. 6 Kalium sulfuricum / Nr. 11 Silicea;*
durch Aufdecken: *Nr. 11 Silicea;*
Aufregung: *Nr. 5 Kalium phosphoricum;*
Anstrengung: *Nr. 1 Calcium fluoratum / Nr. 5 Kalium phosphoricum;*
Berührung: *Nr. 3 Ferrum phosphoricum / Nr. 7 Magnesium phosphoricum;*
Bewegung: *Nr. 11 Silicea / Nr. 3 Ferrum phosphoricum / Nr. 4 Kalium chloratum / Nr. 9 Natrium phosphoricum;*
Essen: *Nr. 5 Kalium phosphoricum;*
Fette: *Nr. 4 Kalium chloratum;*
fette Speisen: *Nr. 9 Natrium phosphoricum;*
feuchtes Wetter: *Nr. 2 Calcium phosphoricum / Nr. 17 Manganum sulfuricum / Nr. 8 Natrium chloratum / Nr. 10 Natrium sulfuricum;*
feuchte Umgebung: *Nr. 10 Natrium sulfuricum;*
feuchtkaltes Wetter: *Nr. 9 Natrium phosphoricum;*
Feuchtigkeit: *Nr. 22 Calcium carbonicum;*
geistige Arbeit: *Nr. 8 Natrium chloratum;*
Geräusche: *Nr. 8 Natrium chloratum;*
Geschlechtsverkehr (danach): *Nr. 5 Kalium phosphoricum;*
Gewürze: *Nr. 4 Kalium chloratum;*
heißes Zimmer: *Nr. 6 Kalium sulfuricum;*
Kälte: *Nr. 5 Kalium phosphoricum / Nr. 7 Magnesium phosphoricum /*

Nr. 11 Silicea / Nr. 22 Calcium carbonicum;
kaltes Wetter: *Nr. 2 Calcium phosphoricum;*
kühles Wetter: *Nr. 8 Natrium chloratum;*
linke Seite: *Nr. 10 Natrium sulfuricum;*
morgens: *Nr. 5 Kalium phosphoricum / Nr. 8 Natrium chloratum / Nr. 10 Natrium sulfuricum;*
Musik: *Nr. 8 Natrium chloratum;*
nachts: *Nr. 7 Magnesium phosphoricum / Nr. 11 Silicea / Nr. 17 Manganum sulfuricum;*
(besonders von 4–6 Uhr: *Nr. 3 Ferrum phosphoricum;*
Neumond: *Nr. 11 Silicea;*
rechte Seite: *Nr. 3 Ferrum phosphoricum / Nr. 6 Kalium sulfuricum;*
reichliches Essen: *Nr. 4 Kalium chloratum;*
Ruhe: *Nr. 1 Calcium fluoratum;*
Schneeschmelze: *Nr. 2 Calcium phosphoricum;*
seelische Erregung: *Nr. 5 Kalium phosphoricum;*
Sorgen: *Nr. 5 Kalium phosphoricum;*
Stehen: *Nr. 22 Calcium carbonicum;*
Stoß: *Nr. 3 Ferrum phosphoricum;*
Treppensteigen: *Nr. 22 Calcium carbonicum;*
Trostzuspruch: *Nr. 8 Natrium chloratum;*
Vollmond: *Nr. 22 Calcium carbonicum / Nr. 11 Silicea;*
vormittags: *Nr. 8 Natrium chloratum;*
Wärme: *Nr. 6 Kalium sulfuricum / Nr. 17 Manganum sulfuricum;*
Wasseranwendung (Waschen usw.): *Nr. 22 Calcium carbonicum;*
Wetter, feucht: *Nr. 22 Calcium carbonicum;*
Wetter, kalt: *Nr. 22 Calcium carbonicum;*
Wetterwechsel: *Nr. 1 Calcium fluoratum.*

Mumps: Meist verläuft Mumps ohne Komplikationen, wenn eine ärztliche Behandlung erfolgt. Da aber auch ein Übergreifen der Infektion auf die Hoden möglich ist, beschränkt sich die Selbstbehandlung auf die Unterstützung der ärztlichen Maßnahmen.

Am Anfang, bei leichteren Fällen: *Nr. 3 Ferrum phosphoricum D6,* viertelstündlich.

Heftige Beschwerden: *Nr. 5 Kalium phosphoricum D6,* viertelstündlich.

Schwellung, aber ohne Fieber: *Nr. 4 Kalium chloratum D6,* viertelstündlich.

Hodenentzündung, Speichelfluß: *Nr. 8 Natrium chloratum D6,* viertelstündlich.

Mundschleimhautentzündung: Eine sehr schmerzhafte Krankheit, die manchmal auch beim Durchbrechen der Milchzähne auftritt.

Grundmittel bei Schmerzen, Wundheit, trockener Schleimhaut: *Nr. 3 Ferrum phosphoricum D6,* viertelstündlich; zusätzlich können drei bis vier Tabletten in einem Glas warmem Wasser aufgelöst werden: damit wird der Mund gespült.

Schlechter Mundgeruch, Zersetzung, Zahnfleischbluten: *Nr. 5 Kalium phosphoricum D6,* viertelstündlich, zwei Tabletten.

Bläschen im Mundwinkel, reine Zunge, durchsichtiger Schleim, brennende Schmerzen: *Nr. 8 Natrium chloratum D6,* halbstündlich.

Muskelrheumatismus siehe Rheumatismus.

Muskelverhärtungen: Bewährt hat sich *Nr. 1 Calcium fluoratum D6,* dreimal täglich.

Äußerlich können *Natrium-sulfuricum-D6*-Salbe und *Nr. 11 Silicea-D6*-Salbe versucht werden.

Muttermal: Die meisten Muttermale sind zwar harmlos, doch besteht manchmal die Gefahr der Entartung, oder sie befinden sich an derart sichtbaren Stellen, daß man versucht ist, sie vom Chirurgen entfernen zu lassen. Auch die sogenannten »Blutschwämme« gehören dazu. Meist lassen sich diese Male gut mit den biochemischen Mitteln beeinflussen:

Feuermale, Blutschwämme: *Nr. 3 Ferrum phosphoricum D6,* sechsmal täglich, im wöchentlichen Wechsel mit *Nr. 3 Ferrum phosphoricum D12.*

Wachsende Wucherungen: *Nr. 1 Calcium fluoratum D12* im täglichen Wechsel mit *Nr. 11 Silicea D12,* je dreimal täglich.

Unterstützung der Heilung durch sechsmal täglich *Nr. 6 Kalium sulfuricum D6.*

Nagelbettentzündung (Umlauf, Panaritium), siehe auch Eiterungen.

Im Anfangsstadium: *Nr. 3 Ferrum phosphoricum D6,* viertelstündlich.

Wenn sich Eiter bildet: *Nr. 11 Silicea D12,* sechsmal täglich.

Wenn der Eiter abgeflossen ist: *Nr. 1 Calcium fluoratum D12,* dreimal täglich.

Äußerlich am Anfang: *Ferrum-phosphoricum-D6*-Salbe.

Bei Fortschreiten der Entzündung, wenn sich Eiter bildet: *Nr. 11 Silicea-D6*-Salbe auftragen und mit einem Verband abdecken.

Nagelkrankheiten: Bei verkrüppelten Nägeln und anderen Krankheiten der Fuß- und Fingernägel nehme man lange Zeit hindurch *Nr. 11 Silicea D12* im täglichen Wechsel mit *Nr. 1 Calcium fluoratum D12,* je dreimal täglich. Dabei ist zu beachten, daß sich ein Erfolg nur langfristig einstellen kann, da Fingernägel erst nach etwa einem halben Jahr, Fußnägel sogar erst nach einem Jahr nachgewachsen sind.

Nasenbluten: Selten auftretendes Bluten ist harmlos. Tritt Nasenbluten jedoch wiederholt auf, sollte der Arzt befragt werden.
Hellrotes Blut: *Nr. 3 Ferrum phosphoricum D6,* viertelstündlich.
Bei Kindern, alten Menschen: *Nr. 5 Kalium phosphoricum D6,* sechsmal täglich.
Dickes, zähes, dunkles Blut: *Nr. 4 Kalium chloratum D6,* sechsmal täglich.
Wenn das Blut nicht gerinnt: *Nr. 8 Natrium chloratum D6,* sechsmal täglich.

Nasen-Rachen-Katarrh siehe Schnupfen.

Nervenentzündung: Im Anfangsstadium bewährt sich *Nr. 3 Ferrum phosphoricum D6,* viertelstündlich.
Schießende, krampfhafte Schmerzen, bei Lähmungserscheinungen: *Nr. 7 Magnesium phosphoricum D6,* viertelstündlich oder als »Heiße Sieben«.
Lähmungen und Störungen des Gefühls: *Nr. 5 Kalium phosphoricum D6,* halbstündlich.
Zusätzlich: *Nr. 19 Cuprum arsenicosum D12.*

Nervosität, nervöse Erschöpfung: Zur Behandlung der Symptome hat sich *Nr. 5 Kalium phosphoricum D6* im täglichen Wechsel mit *Nr. 2 Calcium phosphoricum D6,* je sechsmal täglich, bewährt.
Wenn Nervenschmerzen vorherrschen: *Nr. 7 Magnesium phosphoricum D6,* viertelstündlich.
Schwächegefühl, Angstzustände, Überempfindlichkeit gegen alle Eindrücke: *Nr. 11 Silicea D12,* dreimal täglich.

Nesselfieber, -sucht (siehe auch die Hinweise unter Heuschnupfen und Ausschlag): Bei akutem Anfall: *Nr. 5 Kalium phosphoricum D6* viertelstündlich im Wechsel mit *Nr. 8 Natrium chloratum D6.* Nach Abklingen der Beschwerden dreimal täglich im Wechsel.
Äußerlich: *Kalium-phosphoricum-D6*-Salbe.

Neurodermitis siehe Ausschläge.

Nierenerkrankungen: Wegen der für einen Laien unübersehbaren möglichen Folgen sollten diese Erkrankungen stets durch einen Arzt behandelt werden.

Blut im Urin: *Nr. 3 Ferrum phosphoricum D6,* viertelstündlich.

Krämpfe im Nierenbereich: *Nr. 7 Magnesium phosphoricum D6,* alle fünf bis fünfzehn Minuten oder als »Heiße Sieben«.

Hohes Fieber (über 39 °C), fieberhafte Nierenbeckenentzündung, Schrumpfniere: *Nr. 5 Kalium phosphoricum D6,* stündlich. Dieses Mittel darf nach Dr. Schüßler nie (!!!) bei einer *Nierentuberkulose* eingesetzt werden.

Eiweiß im Urin, Zunge weißgrau belegt: *Nr. 4 Kalium chloratum D6* im stündlichen Wechsel mit *Nr. 6 Kalium sulfuricum D6.*

Starker Durst, Hitze, plötzlicher heftiger Drang zum Wasserlassen: *Nr. 8 Natrium chloratum D6,* stündlich.

Schrumpfniere, begleitet von hohem Blutdruck: *Nr. 11 Silicea D12,* dreimal täglich.

Eitrige Nierenbeckenentzündung: *Nr. 12 Calcium sulfuricum D6,* sechsmal täglich.

Nach überstandener Krankheit: *Nr. 2 Calcium phosphoricum D6,* sechsmal täglich.

Ergänzend: *Nr. 16 Lithium chloratum.*

Nierensteine oder -grieß: *Nr. 9 Natrium phosphoricum D6,* stündlich.

Zur Dauerbehandlung im täglichen Wechsel mit *Nr. 11 Silicea D12,* täglich dreimal.

Ohrenkrankheiten (siehe auch Mittelohrentzündung, Schwerhörigkeit):

Entzündungen aller Art, Schwellungen, Fieber: *Nr. 3 Ferrum phosphoricum D6,* viertelstündlich.

Feuchte Absonderungen aus dem Ohr, hohes Fieber: *Nr. 4 Kalium chloratum D6,* stündlich.

Furunkel im Gehörgang: *Nr. 9 Natrium phosphoricum D6* im stündlichen Wechsel mit *Nr. 11 Silicea D12.*

Stinkende Absonderungen: *Nr. 5 Kalium phosphoricum D6,* stündlich.

Harte Geschwülste im Gehörgang: *Nr. 1 Calcium fluoratum D12,* sechsmal täglich.

Ätzende, nässende Absonderungen aus dem Ohr: *Nr. 2 Calcium phosphoricum D6,* sechsmal täglich.

Ohrensausen: *Nr. 1 Calcium fluoratum D12* im täglichen Wechsel mit *Nr. 11 Silicea D12,* je dreimal.

Äußerlich sollte *Calcium-fluoratum-D6*-Salbe hinter das Ohr gestrichen werden.

Parkinsonsche Krankheit siehe Krämpfe.

Potenzschwierigkeiten: Nahezu 50 Prozent der Potenzschwierigkeiten bei Männern sind auf seelische Ursachen zurückzuführen, die in die Hand eines Psychotherapeuten gehören. Doch oft reagiert die Sexualsphäre des Mannes, da sie zu den empfindlichsten Bereichen gehört, auf kleinste und banale Erkrankungen mit Störungen. In diesen Fällen muß selbstverständlich die organische Ursache behandelt werden. Wenn sonst keine Ursachen gefunden werden, können folgende Mittel angezeigt sein:

Verminderter Sexualtrieb, Nervosität, Überarbeitung, Nervenschwäche: *Nr. 5 Kalium phosphoricum D3* und *Nr. 7 Magnesium phosphoricum D3* im stündlichen Wechsel.

Impotenz (mangelnde Gliedsteife): *Nr. 8 Natrium chloratum D6,* stündlich.

Brennen und Empfindlichkeit der Genitalien: *Nr. 11 Silicea D12,* dreimal täglich.

Anfängliche Erregung, die aber rasch nachläßt: *Nr. 14 Kalium bromatum D12,* dreimal täglich.

Prostatavergrößerung: *Nr. 1 Calcium fluoratum D12* im täglichen Wechsel mit *Nr. 2 Calcium phosphoricum D6,* je dreimal täglich.

Quetschungen siehe Verletzungen.

Rachenkatarrh (Halsentzündung): Beim ersten Anzeichen: *Nr. 3 Ferrum phosphoricum D12* und *Nr. 4 Kalium chloratum D6,* alle fünf Minuten wechselnd eine Tablette.

Glasige Beläge, Hustenreiz: *Nr. 8 Natrium chloratum D6,* stündlich.

Weißgraue Beläge im Rachen: *Nr. 4 Kalium chloratum D6,* viertelstündlich.

Stinkender Mundgeruch: *Nr. 5 Kalium phosphoricum D6,* viertelstündlich.

Harte Mandeln und Halsdrüsen: *Nr. 1 Calcium fluoratum D12* und *Nr. 8 Natrium chloratum D6* im stündlichen Wechsel.

Saurer Schweiß und/oder Rheuma: *Nr. 9 Natrium phosphoricum D6,* viertelstündlich.

Chronischer Rachenkatarrh: *Nr. 2 Calcium phosphoricum D12,* dreimal täglich.

Kleine Geschwüre im Hals: *Nr. 10 Natrium sulfuricum D6,* halbstündlich.

Rote Schwellung des ganzen Rachens: *Nr. 7 Magnesium phosphoricum D6.*

Trockene Schleimhäute, besonders bei chronischen Beschwerden: *Nr. 11 Silicea D12* dreimal täglich.
Nach Eiterdurchbruch: *Nr. 12 Calcium sulfuricum D6,* stündlich.

Regelbeschwerden siehe Menstruationsbeschwerden.

Reisekrankheit siehe Seekrankheit.

Rekonvaleszenz: Nach überstandener Krankheit kann die Wiederherstellung der körperlichen Verfassung durch folgende Salze unterstützt werden:
Junge Patienten nehmen sechsmal täglich *Nr. 2 Calcium phosphoricum D6.*
Ältere Menschen nehmen dreimal täglich *Nr. 2 Calcium phosphoricum D12.*

Rheumatismus: Eine äußerst schmerzhafte Krankheit, die jahrelange Beschwerden verursachen kann. Bei den ersten Anzeichen sollte hier die Biochemie nach Dr. Schüßler eingesetzt werden, um den Organismus umzustimmen. Grundsätzlich sind hier die Anweisungen des Arztes zu beachten. Wir unterscheiden zwei Formen:
1. Gelenkrheumatismus:
Als erstes Mittel bei Fieber ist *Nr. 3 Ferrum phosphoricum D6,* viertelstündlich, geeignet.
Wandernde Schmerzen, nächtliche Verschlimmerung: *Nr. 6 Kalium sulfuricum D6,* halbstündlich.
Heftige Schmerzen: *Nr. 7 Magnesium phosphoricum D6,* viertelstündlich oder als »Heiße Sieben«.
Chronische Formen und zur Nachbehandlung: *Nr. 2 Calcium phosphoricum D6*, sechsmal täglich.
2. Muskelrheumatismus:
Schmerzen durch Bewegung: *Nr. 3 Ferrum phosphoricum D6* und *Nr. 4 Kalium chloratum D6* im halbstündigen Wechsel.
Wandernde Schmerzen verlangen nach *Nr. 7 Magnesium phosphoricum D6,* viertelstündlich oder als »Heiße Sieben«.
Taubheitsgefühl, Kälte, Kribbeln, stärker nachts oder in Ruhe: *Nr. 2 Calcium phosphoricum D6,* sechsmal täglich.
Ergänzend: *Nr. 16 Lithium chloratum D12.*

Rippenfellentzündung: Beim ersten Verdacht auf Rippenfellentzündung sollte alle zehn Minuten eine Tablette *Nr. 3 Ferrum phosphoricum D6* eingenommen werden.
Bei Schweißausbruch, trockener Rippenfellentzündung: *Nr. 4 Kalium chloratum D6,* halbstündlich.

Wäßriger Auswurf: *Nr. 8 Natrium chloratum D6,* stündlich.
Gelbgrünlicher Auswurf: *Nr. 10 Natrium sulfuricum D6,* stündlich.
Eitriger Auswurf: *Nr. 11 Silicea D12,* dreimal, täglich wechselnd mit *Nr. 9 Natrium phosphoricum D6,* sechsmal täglich.
Übelriechender, blutiger Auswurf: *Nr. 2 Calcium phosphoricum D6,* sechsmal täglich.
Chronische Erkrankungen: *Nr. 11 Silicea D12,* dreimal täglich.
Zur Ausheilung wird dreimal täglich *Nr. 1 Calcium fluoratum D12* eingenommen. Dieses Mittel beugt gleichzeitig Verwachsungen vor.

Rose: Die Rose wird mit zunehmendem Lebensalter gefährlicher. Trotz des Hautausschlages handelt es sich hierbei um eine Nervenkrankheit. Der Glaube, daß der Kranke stirbt, sobald die Rose den Körper umschließt, ist falsch. Wegen der möglichen ernsten Komplikationen wie Nervenschmerzen, Hornhautzerstörung des Auges u. a. müssen die Anweisungen des Arztes strikt befolgt werden. Zur Unterstützung der Behandlung können die folgenden Mittel eingesetzt werden:
Im ersten Stadium: *Nr. 3 Ferrum phosphoricum D12,* viertelstündlich.
Bei schwerem Fieber: *Nr. 5 Kalium phosphoricum D6,* halbstündlich.
Harte Schwellungen, rote oder glänzende Haut: *Nr. 9 Natrium phosphoricum D6,* halbstündlich.
Blasen: *Nr. 4 Kalium chloratum D6,* halbstündlich.
Blasen mit scharfen Absonderungen: *Nr. 8 Natrium chloratum D6,* sechsmal täglich.
Zur Ausheilung nach überstandener Krankheit: *Nr. 6 Kalium sulfuricum D6,* sechsmal täglich.

Röteln: Eine meist harmlos verlaufende Kinderkrankheit, die den Masern ähnlich ist, aber ohne deren Komplikationen verläuft. Nach überstandener Erkrankung hat der Patient sich eine lebenslange Immunität erworben.
Gefährlich sind Röteln nur während der ersten vier Schwangerschaftsmonate: In diesem Fall kann es zu schweren Mißbildungen des Kindes kommen.
Anfangs: *Nr. 3 Ferrum phosphoricum D6* und *Nr. 4 Kalium chloratum D6* im halbstündigen Wechsel.
Bei beginnendem Ausschlag, bei Neigung zu Krämpfen: *Nr. 8 Natrium chloratum D6,* stündlich, und zusätzlich *Nr. 5 Kalium phosphoricum D6,* viertelstündlich.
Bei fehlender Ausschlag: *Nr. 6 Kalium sulfuricum D6,* sechsmal täglich.

Rückenschmerzen: Leider findet sich dieses Krankheitsbild bei den einseitigen Belastungen stehender und sitzender Berufe immer öfter. Wenn

»nur« die einseitige Belastung als Auslöser der Beschwerden gesehen werden kann (vom Arzt abklären lassen), sollte regelmäßig geeignete Gymnastik oder Schwimmen versucht werden.

Rückenschmerzen während der Menstruation: *Nr. 3 Ferrum phosphoricum D12,* viertelstündlich.

Rückenschmerzen bei blassen, reizbaren Menschen: *Nr. 5 Kalium phosphoricum D6,* viertelstündlich.

Krampfartige Beschwerden; Rücken fühlt sich an wie zerschlagen: *Nr. 7 Magnesium phosphoricum D6,* alle fünf Minuten.

Zur Nacht sollte das entsprechende Mittel in Salbenform eingesetzt werden.

Scharlach: Meist werden Kinder im Alter von drei bis zehn Jahren von dieser Krankheit befallen, doch auch Erwachsene können sich anstecken.

Der typische Scharlachausschlag breitet sich vom Hals ausgehend nach unten aus. Die flammend rote Mundschleimhaut und die erdbeerähnlich aussehende Zunge sind typisch für die Krankheit. Nach Abklingen des Ausschlages schält sich die Haut. Wegen der möglichen Komplikationen für Nieren, Augen und Ohren und wegen der hohen Ansteckungsgefahr ist ärztliche Behandlung unumgänglich.

Zur Unterstützung der Abwehrkräfte sind folgende Mittel zu empfehlen:

Anfangs: *Nr. 3 Ferrum phosphoricum D6,* viertelstündlich.

Schmerzen beim Schlucken, beginnender Ausschlag: *Nr. 3 Ferrum phosphoricum D6* im viertelstündigen Wechsel mit *Nr. 4 Kalium chloratum D6.*

Nach überstandener Krankheit: *Nr. 2 Calcium phosphoricum D6,* sechsmal täglich.

Schilddrüsenschwellungen siehe Basedowsche Krankheit, Kropf.

Schlaflosigkeit: Sie ist eher ein Symptom als eine Krankheit. Wer meint, zuwenig zu schlafen, sollte zuerst bedenken, daß das individuelle Schlafbedürfnis sehr unterschiedlich ist. Es gibt keine »Schlafnorm«, die eingehalten werden muß. Während der eine Mensch mit fünf Stunden Schlaf auskommt, hat der andere nach acht Stunden noch nicht ausgeschlafen.

Bei nervöser Schlaflosigkeit: *Nr. 5 Kalium phosphoricum D6,* sechsmal täglich.

Große Erregbarkeit, Herzklopfen: *Nr. 7 Magnesium phosphoricum D6,* viertelstündlich oder als »Heiße Sieben«.

Wenn Gedankenfluß am Schlaf hindert: *Nr. 11 Silicea D12,* dreimal täglich.

Bei Blutandrang im Kopf, Kopfschmerzen, Schlaflosigkeit in den Wechseljahren: *Nr. 3 Ferrum phosphoricum D6,* stündlich.

Zusätzlich: *Nr. 14 Kalium bromatum D6, Nr. 21 Zincum chloratum D12.*

Schläfrigkeit: Ständige Schläfrigkeit und leichte Ermüdbarkeit nach der geringsten Anstrengung: *Nr. 8 Natrium chloratum D6.*

Schlaganfall: Bis zum Eintreffen des Arztes kann, wenn der Patient bei Bewußtsein ist, viertelstündlich *Nr. 3 Ferrum phosphoricum D6* eingenommen werden.
Nach dem Schlaganfall sollte zusätzlich *Nr. 11 Silicea D12* dreimal täglich über längere Zeit hinweg eingenommen werden.
Zurückbleibende Lähmungen behandelt man mit *Nr. 5 Kalium phosphoricum D6,* sechsmal täglich.
Auftretende Krämpfe erfordern stündliche Gaben von *Nr. 7 Magnesium phosphoricum D6.*

Schleimbeutelentzündung: Hier schafft die stündliche Einnahme von *Nr. 5 Kalium phosphoricum D6* Linderung.

Schluckauf: Alle zehn Minuten *Nr. 7 Magnesium phosphoricum D6* oder als »Heiße Sieben«.

Schmerzen: Allzu häufige Schmerzanfälle ohne ersichtlichen Grund sollten vom Arzt geklärt werden. Grundsätzlich gilt, daß Schmerz allein keine Krankheit, sondern ein Symptom ist. Die hier aufgelisteten Schmerzarten sollen nur zur Erleichterung der Wahl des Mittels bei anderen Krankheiten dienen.
Drückend, klopfend, stechend: *Nr. 3 Ferrum phosphoricum D6.*
Kribbeln, »Ameisen« in den Gliedern, Kälte, Taubheit: *Nr. 2 Calcium phosphoricum D6.*
Lähmungen, für blasse und nervöse Menschen: *Nr. 5 Kalium phosphoricum D6.*
Krampfartig, reißend, schießend, wandernd, stechend, bohrend, unterbrochen und wieder beginnend: *Nr. 7 Magnesium phosphoricum D6.*
Depressive, ängstliche Menschen: *Nr. 6 Kalium sulfuricum D6.*
Gedunsene Menschen, Schmerz wird begleitet von wäßrigen Absonderungen (Speichel, Tränen usw.). *Nr. 8 Natrium chloratum D6* und *Nr. 10 Natrium sulfuricum D6.*

Besserung der Schmerzen durch:
leichte Bewegung: *Nr. 5 Kalium phosphoricum D6;*
schnelle Bewegung: *Nr. 7 Magnesium phosphoricum D6;*
Druck: *Nr. 7 Magnesium phosphoricum D6;*
Kälte: *Nr. 3 Ferrum phosphoricum D6;*
Krümmen: *Nr. 7 Magnesium phosphoricum D6;*
frische Luft: *Nr. 6 Kalium sulfuricum D7;*

Milchtrinken: *Nr. 9 Natrium phosphoricum D6;*
Trockenheit: *Nr. 10 Natrium sulfuricum D6;*
Wärme: *Nr. 4 Kalium chloratum D6 / Nr. 7 Magnesium phosphoricum D6 / Nr. 10 Natrium sulfuricum D6.*

Verschlimmerung der Schmerzen durch:
Berührung: *Nr. 7 Magnesium phosphoricum D6;*
Bewegung: *Nr. 4 Kalium chloratum D6 / Nr. 2 Calcium phosphoricum D6 / Nr. 5 Kalium phosphoricum D6;*
fette Speisen: *Nr. 9 Natrium phosphoricum D6;*
Feuchtigkeit: *Nr. 8 Natrium chloratum D6;*
Kälte: *Nr. 2 Calcium phosphoricum D6 / Nr. 11 Silicea D12;*
abends: *Nr. 6 Kalium sulfuricum D6;*
nachts: *Nr. 2 Calcium phosphoricum D6 / Nr. 11 Silicea D12;*
Nässe: *Nr. 11 Silicea D12;*
geschlossene Räume: *Nr. 6 Kalium sulfuricum D6;*
Ruhe: *Nr. 8 Natrium chloratum D6;*
See, Meer: *Nr. 8 Natrium chloratum D6 / Nr. 10 Natrium sulfuricum D6;*
schwerverdauliche Speisen: *Nr. 4 Kalium chloratum D6;*
Überanstrengung: *Nr. 5 Kalium phosphoricum D6;*
Wärme: *Nr. 3 Ferrum phosphoricum D6 / Nr. 6 Kalium sulfuricum D6;*
Wetterwechsel: *Nr. 2 Calcium phosphoricum D6 / Nr. 10 Natrium sulfuricum D6 / Nr. 11 Silicea D12.*

Schnupfen: Die alte Regel, nach der ein Schnupfen ohne Behandlung 14 Tage dauert, mit Behandlung aber nur zwei Wochen, stimmt für die Behandlung mit den Schüßler-Mitteln nicht. Wir können die Dauer der Erkrankung wesentlich verkürzen, wenn wir die Salze nach der Farbe und Art des abgesonderten Sekrets aussuchen:
hellwäßrig, glasig-schleimig, blasig, dabei scharf, ätzend, teilweise mit salzigem Geschmack: *Nr. 8 Natrium chloratum D6;*
weiß oder weißgrau, lange Fäden ziehend: *Nr. 4 Kalium chloratum D6;*
weiß, glasig, mild: *Nr. 2 Calcium phosphoricum D6;*
blutig, jauchig stinkend, scharf und ätzend: *Nr. 5 Kalium phosphoricum D6,*
eitrig, gelb wie Honig, rahmartig: *Nr. 9 Natrium phosphoricum D6;*
eitrig: *Nr. 11 Silicea D12* und *D6;*
eitrig mit Blut, dick, gelbgrün: *Nr. 12 Calcium sulfuricum D6;*
gelb-wäßrig, gelbgrün, grün, eitrig: *Nr. 10 Natrium sulfuricum D6;*
gelb, schleimig, mild: *Nr. 6 Kalium sulfuricum D6;*
schnell eintrocknend: *Nr. 1 Calcium fluoratum D6.*

Schreibkrampf siehe Krämpfe.

Schuppenflechte siehe Ausschlag.

Schüttellähmung siehe Krämpfe.

Schwangerschaft siehe Geburt.

Schwangerschaftserbrechen: Bewährt hat sich *Nr. 2 Calcium phosphoricum D6,* sechsmal täglich.
Weiteres siehe unter Erbrechen und unter Geburt.

Schweiß: Übermäßige Schweißabsonderung ist meist eine konstitutionelle Eigenheit des Körpers. Hier kann die Biochemie nach Dr. Schüßler regulierend und umstimmend eingreifen.
Bei saurem Schweiß empfiehlt sich *Nr. 9 Natrium phosphoricum D6,* dreimal täglich.
Stinkender Schweiß, der wund macht: *Nr. 5 Kalium phosphoricum D6,* dreimal täglich.
Nr. 11 Silicea D12 muß bei Fußschweiß, der die Zehen wund macht und die Haut weiß verfärbt, über sehr lange Zeit hinweg dreimal täglich eingenommen werden.

Schwellungen: Blutergüsse im ersten Stadium: *Nr. 3 Ferrum phosphoricum D6,* viertelstündlich;
durch Brüche und Knochenverletzungen: *Nr. 2 Calcium phosphoricum D6* im täglichen Wechsel mit *Nr. 1 Calcium fluoratum D12,* je dreimal täglich.
Schwellungen nach Prellungen: *Nr. 4 Kalium chloratum D6,* stündlich.

Schwerhörigkeit: Ohrensausen, Geräuschempfindlichkeit: *Nr. 11 Silicea D12* im täglichen Wechsel mit *Nr. 9 Natrium phosphoricum D6,* je dreimal täglich.
Knallen, Krachen, Klingen im Ohr, auch nach Mittelohrentzündung: *Nr. 4 Kalium chloratum D6,* stündlich.
Als Folge von Erkältungen: *Nr. 8 Natrium chloratum D6,* sechsmal täglich.
Altersschwerhörigkeit, »verstopfte« Ohren, die sich mit einem Knall öffnen: *Nr. 11 Silicea D12,* dreimal täglich.

Schwindel: Blutandrang im Kopf: *Nr. 3 Ferrum phosphoricum D6,* zweistündlich.
Mangelnde Durchblutung des Gehirns, bei älteren Menschen: *Nr. 2 Calcium phosphoricum D6,* zweistündlich.

Bei gleichzeitigen nervösen Schwächezuständen, durch Überanstrengung: *Nr. 5 Kalium phosphoricum D6* im Wechsel mit *Nr. 7 Magnesium phosphoricum D6,* je sechsmal täglich.
Nach Alkoholgenuß (Kater): *Nr. 9 Natrium phosphoricum D6,* stündlich.
Zusätzlich: *Nr. 16 Lithium chloratum D12* oder *Nr. 20 Kalium-Aluminium sulfuricum D6.*

Seekrankheit: Vorbeugend alle zwei Stunden, während der Reise halbstündlich, im akuten Fall alle fünf Minuten: *Nr. 8 Natrium chloratum D6* oder *Nr. 9 Natrium phosphoricum D6.*
Dr. Schüßler empfahl *Nr. 9 Natrium phosphoricum D6* im Wechsel mit *Nr. 5 Kalium phosphoricum D6.*

Sehnenscheidenentzündung: Anfangs: *Nr. 3 Ferrum phosphoricum D6,* alle zehn Minuten.
Bei Schwellung: *Nr. 4 Kalium chloratum D6.*
Verhärtungen und deutlich hörbares Knirschen: *Nr. 11 Silicea D12* im Wechsel mit *Nr. 1 Calcium fluoratum D12,* je sechsmal täglich.

Sehschwäche: Zusätzlich zu ärztlichen Maßnahmen oder wenn die Sehschwäche als Begleitsymptom einer anderen Krankheit auftritt, können je nach den Symptomen die folgenden Mittel helfen:
Bei allgemeiner Nervenschwäche: *Nr. 5 Kalium phosphoricum D6,* dreimal täglich.
Nach der geringsten Anstrengung: *Nr. 11 Silicea D12,* dreimal täglich.
Tränende Augen beim Lesen: *Nr. 8 Natrium chloratum D6,* sechsmal täglich.
Zusätzlich: *Nr. 15 Kalium jodatum D6.*

Sodbrennen: Wenn keine anderen Symptome bestehen: *Nr. 9 Natrium phosphoricum D6,* zwei bis vier Tabletten.
Bei gleichzeitigem Auftreten von Krämpfen: *Nr. 7 Magnesium phosphoricum D6,* stündlich oder als »Heiße Sieben«.
Bei gleichzeitigen Leber- und Gallenbeschwerden: *Nr. 10 Natrium sulfuricum D6,* stündlich.

Star (Grauer Star, Katarakt): Diese Linsentrübung kann angeboren oder erworben sein. Beim sogenannten »Altersstar« verflüssigt sich der Kern der Augenlinse.
Bei Beginn der Trübung sollte unverzüglich *Nr. 1 Calcium fluoratum D6,* dreimal, im täglichen Wechsel mit *Nr. 11 Silicea D12,* dreimal täglich, eingenommen werden.

Sterilität (Unfruchtbarkeit): Wenn die Unfruchtbarkeit auf einer Störung des Hormonhaushalts beruht, dann sollte ein Versuch mit *Nr. 9 Natrium phosphoricum D6* im täglichen Wechsel mit *D12*, je dreimal täglich, unternommen werden.

Stimmverlust: Wenn die Stimme durch Schreck o. ä. verlorengegangen ist, nimmt man *Nr. 9 Natrium phosphoricum D6,* stündlich; zur Nachbehandlung sechsmal täglich.

Stinknase (Ozaena): Diese chronische Nasenschleimhautentzündung ist gekennzeichnet von geringer Schleimabsonderung. Auf der trockenen Schleimhaut bilden sich Krusten und Borken, die sich langsam zersetzen und beim Ausatmen einen so üblen Geruch verbreiten, daß ein Zusammenleben oder ein gemeinsamer Aufenthalt in einem Raum nahezu unmöglich ist.

Das Tückische an diesem Leiden ist, daß der Betroffene den Gestank, den er verbreitet, nicht merkt.

Erstes Mittel ist *Nr. 9 Natrium phosphoricum D6,* sechsmal täglich, im täglichen Wechsel mit *Nr. 1 Calcium fluoratum D6,* sechsmal täglich;
wenn die abgesonderten Krusten blutig sind: *Nr. 5 Kalium phosphoricum D6,* sechsmal täglich;
weißgelbe Krusten: *Nr. 2 Calcium phosphoricum D6,* sechsmal täglich;
weißgraue, mehlartige Absonderungen: *Nr. 4 Kalium chloratum D6,* sechsmal täglich;
wenn die Krankheit nach überstandener »Ausschlagskrankheit« (Scharlach, Röteln o. ä.) auftritt, bei der der Ausschlag nicht richtig »herauskam«: *Nr. 6 Kalium sulfuricum D6,* dreimal täglich;
trockene Schleimhäute, Risse in den Mundwinkeln: *Nr. 8 Natrium chloratum D6,* dreimal täglich.

Stirnhöhlenkatarrh: Als erstes Mittel bei drückendem Schmerz, Klopfen, Schwindel: *Nr. 3 Ferrum phosphoricum D6,* viertelstündlich.
Druck und dumpfer Schmerz unter den Augen: *Nr. 9 Natrium phosphoricum D6,* viertelstündlich.
Die Farbe und Art der Absonderungen sind hierbei ebenfalls sehr wichtig:
blutig, jauchig stinkend, scharf und ätzend: *Nr. 5 Kalium phosphoricum D6;*
eitrig, gelb wie Honig, rahmähnlich: *Nr. 9 Natrium phosphoricum D6;*
eitrig: *Nr. 11 Silicea D12* und *D6;*
eitrig mit Blut, dick, gelbgrün: *Nr. 12 Calcium sulfuricum D6;*
gelb-wässrig, gelbgrün, grün, eitrig: *Nr. 0 Natrium sulfuricum D6;*

hellwäßrig, glasig-schleimig, blasig, dabei scharf, ätzend, teilweise salzig: *Nr. 8 Natrium chloratum D6;*
schleimig, gelb: *Nr. 6 Kalium sulfuricum D6;*
schnell eintrocknend: *Nr. 1 Calcium fluoratum D6.*

Stuhlverstopfung siehe Verstopfung.

Thrombose: Wenn sich das Blut innerhalb einer Vene staut und gerinnt, kann der dabei entstehende Blutpfropf die Vene verstopfen und das von dieser Vene versorgte Organ von der Blutversorgung abschneiden.

Mit *Nr. 2 Calcium phosphoricum D12,* dreimal täglich, und *Nr. 8 Natrium chloratum D12,* dreimal, beide Mittel im täglichen Wechsel, wurden gute Erfolge erzielt.

Trigeminusneuralgie: Es handelt sich um ein anfallsweise auftretendes Leiden, dessen Ursachen noch ungeklärt sind. Es sind neben den Geburts- und Gallenkolikschmerzen die heftigsten Schmerzen, die in der Medizin bekannt sind. Im Anfall empfiehlt sich *Nr. 7 Magnesium phosphoricum D6* als »Heiße Sieben«, zusätzlich viertelstündlich eine Tablette. Außerdem können, je nach den Begleiterscheinungen, die folgenden Mittel zusätzlich eingesetzt werden:

Heißes, rotes Gesicht, Verlangen nach Kühlung, bei Erbrechen: *Nr. 3 Ferrum phosphoricum D12,* alle zehn Minuten.

Ausgelöst durch seelische Erregung: *Nr. 5 Kalium phosphoricum D6,* viertelstündlich.

Blasses, gedunsenes Gesicht, brennende Schmerzen, die periodisch wiederkehren, begleitet von scharfen Absonderungen (Tränen, Speichel usw.): *Nr. 8 Natrium chloratum D6,* viertelstündlich.

Ausgelöst oder verschlimmert durch feuchtes Wetter, auch bei Nebel oder feuchter Luft auftretend, mit bitterem Geschmack im Mund: *Nr. 10 Natrium sulfuricum D6,* viertelstündlich.

Kribbeln und Taubheitsgefühl, reißende Schmerzen: *Nr. 2 Calcium phosphoricum D6,* viertelstündlich.

Vom Hinterkopf zum Gesicht verlaufende Schmerzen, Verschlimmerung abends oder nachts, Besserung durch warme oder feuchtwarme Umschläge: *Nr. 11 Silicea D12,* stündlich.

Wenn die Schmerzen auf der rechten Seite auftreten, sind *Nr. 2 Calcium phosphoricum D6* und *Nr. 7 Magnesium phosphoricum D6* besonders geeignet.

Wenn die Schmerzen auf der linken Seite auftreten, sind *Nr. 3 Ferrum phosphoricum D12, Nr. 4 Kalium chloratum D6* und *Nr. 10 Natrium sulfuricum D6* angezeigt.

Zusätzlich: *Nr. 15 Kalium jodatum D6.*

Überbein: Bedarf meist der Behandlung durch den Chirurgen. Frühzeitig genommen, kann *Nr. 1 Calcium fluoratum D12* im täglichen Wechsel mit *Nr. 11 Silicea D12,* je dreimal, die Bildung des Überbeins verhindern.

Unterschenkelgeschwüre siehe Beingeschwüre.

Urin (Farbe und Aussehen): Farbe und Beschaffenheit des Urins können wichtige Hinweise auf das zu wählende Mittel geben:
blutig: *Nr. 3 Ferrum phosphoricum / Nr. 8 Kalium chloratum / Nr. 5 Kalium phosphoricum / Nr. 6 Kalium sulfuricum;*
schleimig: *Nr. 10 Natrium sulfuricum;*
Eiweiß im Urin: *Nr. 4 Kalium choratum / Nr. 6 Kalium sulfuricum;*
grüngelblich: *Nr. 5 Kalium phosphoricum / Nr. 10 Natrium sulfuricum;*
weiß-milchig: *Nr. 2 Calcium phosphoricum;*
Bodensatz: *Nr. 8 Natrium chloratum / Nr. 10 Natrium sulfuricum / Nr. 11 Silicea / Nr. 4 Kalium chloratum;*
stinkender Geruch: *Nr. 1 Calcium fluoratum / Nr. 11 Silicea.*

Venenentzündung siehe Krampfadern.

Verbrennungen: Erste Maßnahme, um schwereren Schäden vorzubeugen: *Nr. 3 Ferrum phosphoricum D6,* viertelstündlich.
Bei Blasenbildung zusätzlich *Nr. 8 Natrium chloratum D6,* halbstündlich.
Wenn die Wunden zu eitern beginnen: *Nr. 11 Silicea D12,* alle zwei Stunden.
Heftige Schmerzen mit wäßrigen Absonderungen: *Nr. 8 Natrium chloratum D6,* jede halbe Stunde.
Schwere Wunden, die übel riechen: *Nr. 5 Kalium phosphoricum D6,* halbstündlich.
Weißgraue Absonderungen: *Nr. 4 Kalium chloratum D6,* stündlich.
Wenn nach dem Abheilen harte Narben zurückbleiben: *Nr. 1 Calcium fluoratum D12,* dreimal täglich.

Verhärtungen: Verhärtungen im Körper weisen immer auf *Nr. 1 Calcium fluoratum D6* hin.

Verletzungen: Blutergüsse, Quetschungen, Schlag-, Schürf- und Schnittwunden werden im ersten Stadium mit *Nr. 3 Ferrum phosphoricum D6,* viertelstündlich, behandelt.
Schwellungen: *Nr. 4 Kalium chloratum D6,* stündlich.
Brüche und Knochenverletzungen: *Nr. 2 Calcium phosphoricum D6* im täglichen Wechsel mit *Nr. 1 Calcium fluoratum D12,* je dreimal täglich.

Verstauchungen: Frische Verstauchungen: *Nr. 3 Ferrum phosphoricum D6,* viertelstündlich.
Wenn nach dem Abklingen der ersten heftigen Schmerzen die Schwellung nicht zurückgehen will: *Nr. 4 Kalium chloratum D6,* sechsmal täglich.

Verstopfung: Chronische Verstopfung sollte nie mit Abführmitteln selbst behandelt werden! Nach längerer Einnahme von Abführmitteln »verlernt« der Darm, sich auf natürliche Weise zu entleeren, da durch diese Mittel die normale Darmflora verändert wird. Ballaststoffreiche Kost bei reichlicher Flüssigkeitszufuhr bringt meist den Darm schnell wieder »in Schwung«.
Schlaffer Darm, Hämorrhoiden: stündlich eine Tablette *Nr. 1 Calcium fluoratum D6.*
Hitze im Enddarm, Kreuzschmerzen und Blutandrang im Kopf: *Nr. 3 Ferrum phosphoricum D12,* stündlich.
Alte Menschen mit allgemeiner Schwäche sprechen gut auf *Nr. 2 Calcium phosphoricum D6,* stündlich eine Tablette an.
Bei gleichzeitigem Völlegefühl: stündlich *Nr. 6 Kalium sulfuricum D6.*
Wenn vergeblicher Stuhldrang besteht: *Nr. 11 Silicea D12,* stündlich eine Tablette.
Ergänzend: *Nr. 23 Natrium bicarbonicum D6.*

Wadenkrampf: Meist tritt der Wadenkrampf in der Ruhestellung auf. Besonders nachts können die Beschwerden solche Schmerzen verursachen, daß es den Betroffenen regelrecht »aus dem Bett reißt«.
Manche Erkrankungen wie Krampfadern, Thrombosen usw. fördern die Disposition zu Wadenkrämpfen. In diesen Fällen muß natürlich das Grundleiden behandelt werden.
Nr. 7 Magnesium phosphoricum D6, alle fünf Minuten oder als »Heiße Sieben«, hilft hier schnell.
Zur Dauerbehandlung stündlich eine Tablette.
Zusätzlich kann dreimal täglich *Nr. 11 Silicea D12* gegeben werden, wenn weitere Symptome die Einnahme dieses Mittels ratsam erscheinen lassen.

Warzen: *Nr. 4 Kalium chloratum D6* im täglichen Wechsel mit *Nr. 8 Natrium chloratum D6,* je dreimal täglich.
Äußerlich mit *Natrium-chloratum-D6*-Salbe bestreichen.
Bei alten, verhärteten Warzen hat sich *Nr. 1 Calcium fluoratum D12* bewährt.

Wechseljahrsbeschwerden: Allgemein hilft vorbeugend: *Nr. 3 Ferrum*

phosphoricum D12, im täglichen Wechsel mit *Nr. 7 Magnesium phosphoricum D6,* täglich je sechs Tabletten.
Weiteres siehe unter den speziellen Symptomen (z. B. Blutandrang usw.).

Wildes Fleisch: Wenn bei verheilten Verletzungen die ehemaligen Wundränder zu wuchern beginnen, sollte man eine Woche lang sechsmal täglich *Nr. 4 Kalium chloratum D6* einnehmen, danach eine Woche lang dreimal täglich *Nr. 4 Kalium chloratum D12.*
Diese Kur muß über längere Zeit hinweg mehrmals wiederholt werden.

Wunden siehe Verbrennungen oder Verletzungen.

Wundrose siehe Rose.

Wundsein (z. B. bei Babys): *Nr. 8 Natrium chloratum D6* im zweistündlichen Wechsel mit *Nr. 9 Natrium phosphoricum D6* hat sich bewährt.
Äußerlich *Natrium-chloratum-D6-* oder *Natrium-phosphoricum-D6-*Salbe auftragen.

Zähneknirschen: Bei nervösem Zähneknirschen sollte sechsmal täglich *Nr. 9 Natrium phosphoricum D12* eingenommen werden.

Zahnen der Babys: Der Zahndurchbruch wird von *Nr. 2 Calcium phosphoricum D6* im täglichen Wechsel mit *Nr. 1 Calcium fluoratum D12,* täglich je drei Tabletten, gefördert.
Beim Auftreten von Fieber, Entzündungen: *Nr. 3 Ferrum phosphoricum D12,* sechsmal täglich.
Krämpfe, Schmerzen beim Zahndurchbruch: *Nr. 7 Magnesium phosphoricum D12,* stündlich 1 Tablette.

Zahnschmerzen: *Nr. 3 Ferrum phosphoricum D6,* viertelstündlich, wenn keine vom Zahnarzt zu behandelnden Schäden vorliegen.

Ziegenpeter siehe Mumps.

Zuckerkrankheit siehe Diabetes.

Zungenbelag: Die Art, Beschaffenheit und Farbe des Zungenbelages können ein wichtiger Hinweis auf das richtige Mittel sein.
Farbe, Aussehen:
braun: *Nr. 1 Calcium fluoratum D12 / Nr. 11 Silicea D6;*

braun, trocken: *Nr. 5 Kalium phosphoricum D6;*
gelbglänzend: *Nr. 7 Magnesium phosphoricum D6;*
gelbschleimig: *Nr. 6 Kalium sulfuricum D6;*
goldgelb: *Nr. 9 Natrium phosphoricum D6;*
grauweiß: *Nr. 4 Kalium chloratum D6;*
grünlich: *Nr. 10 Natrium sulfuricum D6;*
schmutzig: *Nr. 10 Natrium sulfuricum D6;*
trocken: *Nr. 1 Calcium fluoratum D12;*
rissig: *Nr. 1 Calcium fluoratum D12;*
sauber: *Nr. 3 Ferrum phosphoricum D6;*
senffarbig: *Nr. 5 Kalium phosphoricum D6;*
weiß: *Nr. 2 Calcium phosphoricum D6;*
weiß bis grau (schleimig): *Nr. 8 Natrium chloratum D6.*

Geschmack, Gefühl:

bitter: *Nr. 9 Natrium phosphoricum D6;*
Blutgeschmack: *Nr. 11 Silicea D12;*
brennend: *Nr. 8 Natrium chloratum D6;*
Haargefühl auf der Spitze: *Nr. 9 Natrium phosphoricum D6 / Nr. 11 Silicea D12;*
salzig: *Nr. 8 Natrium chloratum D6;*
sauer: *Nr. 9 Natrium phosphoricum D6;*
seifig: *Nr. 11 Silicea D12;*
süßlich: *Nr. 7 Magnesium phosphoricum D6;*
süßlich-eklig: *Nr. 2 Calcium phosphoricum D6;*
ekliger Geschmack und Geruch: *Nr. 5 Kalium phosphoricum D6;*
fade, pappig: *Nr. 6 Kalium sulfuricum D6;*
Geschmack von faulen Eiern: *Nr. 3 Ferrum phosphoricum D6;*
pfeffrig: *Nr. 10 Natrium sulfuricum D6;*
Geschmacksverlust: *Nr. 6 Kalium sulfuricum D6 / Nr. 8 Natrium chloratum D6 / Nr. 11 Silicea D12.*

Wenn Sie, lieber Leser, eine bestimmte Erkrankung oder spezielle Beschwerden vergeblich suchen, dann schreiben Sie mir bitte. Selbstverständlich kann ich keine Diagnosen stellen; aber ich werde Ihnen – soweit das möglich ist – gern das entsprechende Mineralsalz für Ihr Leiden nennen.

Behandlungsvorschläge von allgemeinem Interesse werden in eine eventuelle Neuauflage übernommen.

Meine Adresse: *Peter Köster*
Postfach 740471, 2000 Hamburg 74

Gesund mit Ehrenwirth

Lutz Bernau
Das Große Akupressur-Buch
Schmerzfrei ohne Tabletten. Vorwort von Prof. Dr. med. Adolf-Ernst Meyer.
120 Tsd. 312 Seiten mit zahlreichen Abbildungen. Sonderausgabe. Geb.
DM 22,–/ÖS. 168,–/sfr. 20,50.
ISBN 3-431-02421-1.

Für alle, die den übermäßigen Konsum an Tabletten ablehnen, ein alternativer Weg zur Gesundheit. Ein Bestseller!

Michael Grenzebach
Die Haare – Spiegel der Gesundheit
Die heimliche Revolution in der Medizin: Wie die **Haar-Analyse** helfen kann, Gesundheit zurückzugewinnen und zu erhalten.
152 Seiten mit 70 Abbildungen. Pbck.
DM 24,–/ÖS. 185,–/sfr. 22,30.
ISBN 3-431-02735-0.

Millionen von Menschen, die bisher unter unbestimmten, unerklärlichen Beschwerden litten und leiden und schließlich als Hypochonder abgestempelt wurden, können Hoffnung schöpfen.

Sue Luby
Hatha Yoga
Das Programm für Ihre Gesundheit.
2. Auflage. 264 Seiten mit mehr als 400 Fotos und über 100 Zeichnungen. Großformat 21 x 28 cm. Pbck. DM 24,–/ÖS. 185,–/sfr. 22,30.
ISBN 3-431-02613-3.

Entspannen, Auftanken, sich wohlfühlen und damit mehr Selbstvertrauen gewinnen – ohne seinen Tagesablauf ändern zu müssen: Dieses praktische und reichbebilderte Buch verhilft dazu. Für Hatha Yoga braucht man keine teuren Geräte und es eignet sich für jeden – gleich welcher Altersstufe oder körperlichen Konstitution.

Barbara Fast
Reiß die Mauern um dich ein
Vom Mut, einander näher zu kommen und Gefühle zu zeigen.
2. Auflage. 160 Seiten. Pbck. DM 9,80/ÖS. 75,–/sfr. 9,80.
ISBN 3-431-02587-0.

Barbara Fast zeigt die Mechanismen auf, hinter denen wir uns verstecken, und die Wege, hinter unserer Maske hervorzukommen und echte Beziehungen einzugehen.

Dorothy Corkille Briggs
Selbstvertrauen wirkt Wunder
Wege zu neuem Lebensmut.
3. Auflage. 176 Seiten. Pbck. DM 19,80/ÖS. 150,–/sfr. 18,50.
ISBN 3-431-02422-X.

Dieses Buch gibt eine Zusammenfassung der wichtigsten psychologischen Erkenntnisse und praktische Anleitungen zur Entwicklung eines Selbstwertgefühls, das unabhängig macht von den vielen kleinen quälenden, in uns selbst liegenden Stolpersteinen im Alltag.

Hildegard Röthel
Der Pflegefall zu Hause
Ein Handbuch für die häusliche Krankenpflege.
2. Auflage. 160 Seiten. 63 Abbildungen. Pbck. DM 19,80/ÖS. 150,–/sfr. 18,50.
ISBN 3-431-02957-4.

Eine Fülle von medizinischen Hintergrundinformationen, die den Laienpfleger in die Lage versetzen, dem behandelnden Arzt und der Pflegefachkraft ein guter „Assistent und Helfer“ zu sein – zum Wohl des Kranken.

Preisänderungen vorbehalten